소년소녀, 과학하라!

소년소녀, 과학하라!

초판 1쇄 펴낸날 2016년 10월 24일
초판 10쇄 펴낸날 2023년 5월 12일

지은이 | 김범준 남창훈 서민 이강환 이상희
이은희 이정모 이진주 전은지 한재권
펴낸이 | 홍지연
펴낸곳 | (주)우리학교

편집 | 홍소연 고영완 이태화 전희선 조어진 서경민
일러스트 | 김현주
디자인&아트디렉팅 | 정은경
디자인 | 권수아 박태연 박해연
마케팅 | 강점원 최은 신종연 김신애
경영지원 | 정상희 곽해림

등록 | 제313-2009-26호(2009년 1월 5일)
주소 | 04029 서울시 마포구 동교로12안길 8
전화 | 02-6012-6094
팩스 | 02-6012-6092
이메일 | woorischool@naver.com

ISBN 979-11-87050-18-6 43400

소년소녀, 과학하라!

탐구 지수 만렙을 위한 과학자들의 꿀팁 대방출

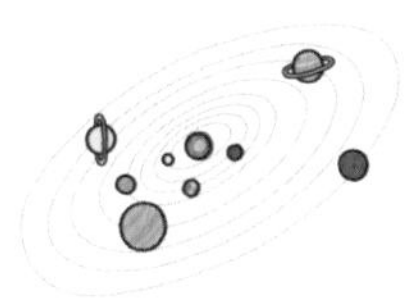

김범준

남창훈

서 민

이강환

이상희

이은희

이정모

이진주

전은지

한재권

과학의 세계로 들어온 여러분을 환영합니다

오늘날 우리들의 삶은 과학 없이는 불가능합니다. 당장 손에 들고 있는 스마트폰이 아니더라도 입고 있는 옷, 입에 넣은 음식, 음악과 전기, 자동차와 인공위성까지 모두 현대 과학기술의 힘으로 생산되고 있으니까요.

과학을 제대로 알면 복잡하고 어려운 오늘날의 세상을 이해하는 새로운 눈을 갖게 됩니다. 과학은 지식인 동시에 세상을 합리적으로 바라볼 수 있게 해 주는 길잡이이기 때문입니다. 그래서 과학은 그냥 아는 게 아니라 '하는 것'이지요.

여기 열 명의 과학자가 여러분을 과학의 세계로 초대합니다. 먼저 **'나의 과학 이야기'**를 통해 과학에 마음을 빼앗기게 된 까닭과 과학자가 될 수밖에 없었던 이유를 들려줍니다. 과학자들의 이야기를 들으며 여러분은 과학이 무엇인지, 과학한다는 것은 어떤 것인지 알게 될 것입니다. 이어지는 **'나를 사로잡은 과학 공식'**(또는 '내게 꽂힌 과학 명언')에서는 과학자들의 마음을 사로잡은 공식이나 명언을 소개하였습니다. 공식이 어렵고 복잡해서 이해할 수 없

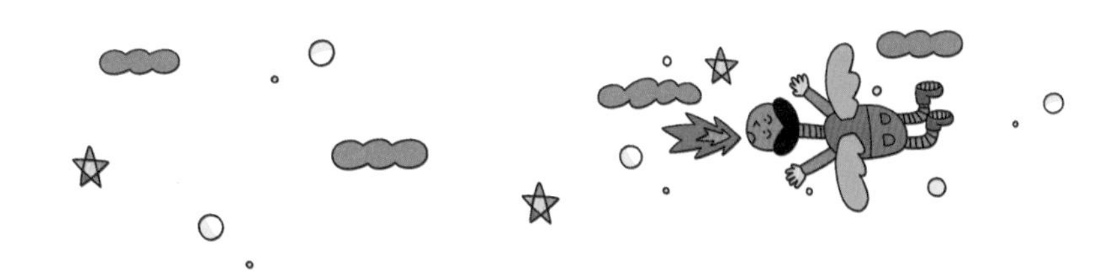

다고 좌절할 필요는 없습니다. 과학의 세계가 얼마나 정교하고 근사한 것인지 느낄 수 있는 것으로 충분합니다. 마지막으로 과학자들이 여러분에게 권하고 싶은 작품을 **'과학자가 반한 과학 이야기'**에 담았습니다. 과학자들이 소개한 작품을 친구들과 함께 보면서 과학의 세계에 푹 빠져 보세요.

열 명의 과학자들은 모두 과학이 너무나 재미있고 과학을 사랑한다고 말합니다. 돌아보면 여러분들에게도 과학이 정말 재미있었던 시절이 있었습니다. 어린 시절 여러분을 사로잡았던 그 많은 이상야릇한 곤충과 로봇, 블랙홀과 화석들을 떠올려 보세요. 자연과 생명, 우주와 기계 장치가 주는 경이로움에 심장이 두근거리던 우리들은 이미 과학자였지요. 이 책을 읽다 보면 어렵고 멀게만 느껴졌던 과학이 다시 살아 있는 흥미진진한 이야기로 다가올 거예요.

소년 소녀 여러분, 우리 한 번 과학해 볼까요?

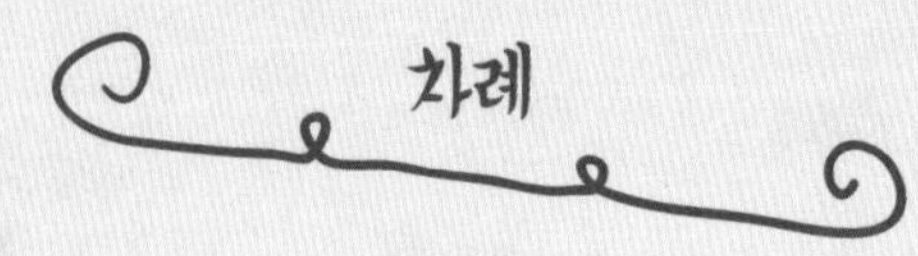

차례

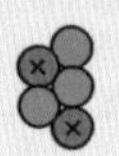

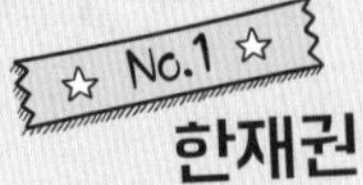

소년소녀 과학탐구 1

나와라, 만능 가제트 팔

+

$F=ma$

+

돈 홀·크리스 윌리엄스 감독, 〈빅 히어로〉

: 한재권 :

로봇을 만드는 사람입니다. 버지니아대학교에서 공학 박사 학위를 받았고, 로보티즈에서 수석 연구원으로 일했습니다. 지금은 한양대학교 융합시스템학과에서 학생들을 가르치고 있습니다. 미국 최초의 성인 사이즈 휴머로이드 로봇 찰리, 재난 구조용 휴머노이드 로봇 똘망을 설계하고 제작했습니다. 2011년 로보컵에서 우승하였고 다르파 로보틱스 챌린지 결선에 진출하기도 했습니다. 지은 책으로는 『로봇 정신』이 있습니다.

나와라, 만능 가제트 팔

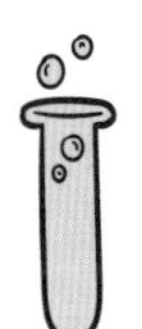

언제부터 로봇을 만들고 싶다는 꿈을 가졌을까? 정확히 기억도 못 할 만큼 아주 어렸을 때부터 로봇을 만들겠다고 다짐했던 것 같다. 그 다짐이 지금까지 이어졌다면, 그리고 다시 새로운 다짐을 계속하며 로봇을 만들고 있다면 믿어 줄 사람들이 있을까?

한 살 터울의 내 동생은 뇌병변 장애, 흔한 말로 뇌성마비라고 불리는 장애를 갖고 있다. 혼자서는 밥도 먹지 못하고 화장실에도 갈 수 없다. 말하지도 못해서 자신의 의사를 잘 표현하지도 못한다. 지금이야 동생이 무엇을 요구하는지 눈빛과 행동을 보고 직감적으로 알 수 있게 되었지만, 어렸을 때는 참 알기가 어려웠다. 동생은 몸이 아프면 계속 울었는데 이때가 가장 난감했다. 가족들은 항상 동생 곁에 머물면서 필요한 조치를 취해 줘야 했다. 늘 집에만 있어야 했고 여행 같은 것은 꿈도 꿀 수 없었다. 말로는 간단하지만 쉬운 삶은 아니었다.

그런 어린 나에게 누군가가 나타났다. 바로 형사 가제트와 아톰. 키도 작고 몸집도 작은 아톰은 위기 상황이 닥치면 사람들을 번쩍번쩍 들어서 구해 주었다. 그 장면이 내 눈엔 동생을 번쩍 들어 욕조로 옮기는 것으로 보였다. '나와라, 만능 가제트 팔'만 있으면 내 동생이 뭔가를 원할 때 곧바로 필요한 것을 꺼내 줄 수 있

을 것 같았다. 로봇은 내겐 영웅이었다. 로봇이 우리 집에서 우리와 같이 산다면 얼마나 좋을까? 처음엔 로봇을 돈으로 사면 된다고 생각했다. 하지만 그런 로봇은 만화영화 속에나 존재할 뿐이었다. **현실에 로봇이 없다고? 그럼 내가 만들어야겠다!** 그런 마음이 나를 로봇 세계로 이끌었다. 내가 어른이 되면 반드시 로봇을 만들어 내 동생과 같은 장애인을 돌봐 줘야겠다고 다짐했다.

로봇을 만들겠다는 꿈을 간직하고 실력을 차곡차곡 쌓았다. 대학 전공도 주저 없이 기계공학과를 선택했다. 열심히 공부해 대학교를 졸업하고 자동제어학으로 석사까지 마쳤다. 그런데 우리나라에 로봇을 만드는 회사는 하나도 없었다. 그렇다고 로봇 만드는 회사를 창업할 용기도 없었다. 어느덧 높은 연봉, 안정된 직장이 나의 목표가 되었고, 그냥 남들처럼 대기업 연구소에 들어갔다. 차근차근 쌓아 온 꿈이 세상이 만들어 놓은 벽 앞에서 허무하게 무너졌다.

삶은 안정적이었다. 오랫동안 교제하며 사랑해 왔던 엄윤설 작가와 가정도 꾸렸다. 꿈을 접고 점점 현실과 타협했다. 현명하고 아름다운 아내, 좋은 사람들과 함께하는 안정된 삶이었다. 어쩌면 이런 삶은 누군가가 꿈꾸는 삶일 수도 있었다. 그러나 나의 꿈은 로봇을 만드는 것이었다. '내 꿈은 이게 아닌데, 내가 하고 싶은 건

이게 아닌데.'라는 생각이 들었다. 꿈을 찾아 가고 싶은 마음과 가장이라는 책임감 사이에서 항상 갈등했다.

그러던 어느 날 더 늦으면 로봇을 만드는 것이 영원히 불가능할 것 같다는 생각이 들었다. 직장을 그만두어야겠다고 마음먹었다. 그때 처음 든 생각은 '아내가 어떻게 생각할까?'였다. 아내에게 어떻게 이야기를 꺼내야 할지 며칠 동안 고민하고 또 고민했다. 하지만 넘을 산은 반드시 넘어야 하는 법! 아내에게 미국으로 같이 공부하러 가자고 조심스레 제안했다. 지금 안주하고 있는 이곳을 떠난다는 것은 아내에게 작가로서, 선생님으로서 그동안 쌓아온 커리어를 포기하라고 말하는 것이나 다름없었다. 그런데 아내는 내 걱정과 달리 한순간의 망설임도 없이 "그래, 가자."라고 했다. 늘 고마운 아내지만, 특히 이날의 흔쾌한 동의는 잊을 수가 없다. 아내의 응원을 얻고 나자 더는 두려울 것이 없었다. 회사에 사표를 내고 미련 없이 짐을 쌌다. 그리고 로봇을 공부하기 위해 미국 유학길에 올랐다.

유학 생활은 생각만큼 쉽지 않았다. 특히 경제적인 문제가 항상 힘들었다. 하루하루 끼니 걱정을 해야 할 정도였다. 그럼에도 불구하고 공부는 정말 재미있었다. 로봇을 만들겠다는 꿈을 키워 가는 행복감 때문이었다. 지금 시카고 박물관에 전시되어 있는 '찰리'도 그런 행복감에 힘입어 만들 수 있었다. 미국 최초의 휴머노

이드 로봇으로 평가받는 찰리는 로보컵에도 참가했다. 인간에게 월드컵이 있듯이 로봇에게는 로보컵이라는 로봇 축구 대회가 있다. 모든 로봇은 원격조종이 아니라 스스로 공을 찾아서 킥을 하고 골을 넣어야 한다. 그래서 로보컵은 세계에서 가장 어려운 로봇 대회로 꼽히고 매년 수천 명의 로봇 연구자들이 한곳에 모여 대회를 치르며 실력을 쌓고 있다. 우리 팀은 데니스 홍 교수님 지도 아래 꾸준히 로보컵에 도전했다. 처음 출전했을 때에는 공을 차기는커녕 넘어지지 않고 걷게 만드는 것조차 대단한 도전이었다. 로봇이 전혀 움직이지 않아 10대 0으로 지는 경기도 태반이었다. 하지만 지치지 않고 매년 성능을 향상시켰고, 내가 팀 주장이었던 해에 드디어 우승컵인 루이비통 컵을 안을 수 있었다.

한국에 돌아온 뒤에는 로보티즈에서 일하면서 재난 구조 로봇 '똘망'을 만들었다. '똘망'은 DRC(다르파 로보틱스 챌린지, DARPA Robotics Challenge)에 참가했다. 2011년 일본 후쿠시마에서 원자력 발전소 사고가 일어났을 때, 로봇이 투입되었지만 사다리도 올라가지 못하는 등 너무나 미흡해 결국 실제 엔지니어가 현장에 들어가야 했다. 위험한 순간에 사람을 구하려고 로봇을 개발해 왔는데 정작 위험한 순간이 닥쳤을 때 아무것도 할 수 없자 로봇공학자들은 좌절했다. 그때 다르파(Defence Advanced Reserch Project Agency)가 로봇공학자들의 열정에 다시 불을 지폈다. 다르파는 국방고등연구계획국, 즉 미국 국방부 산하 연구 조직으로 인터넷, 로켓, 드론, 무인자동차 등을 개발해 인류 기술의 혁신을 이끌어 온 곳이다. 다르파는 로봇이 재난 현장에서 쓰일 수 있도록 사고 현장까지 로봇 혼자 운전을 하고 차에서 내린 후, 닫힌 문을 열고 들어가 밸브를 열고 벽을 드릴로 뚫고 서프라이즈 미션을 수행한 다음, 벽돌이 우르르 쌓인 곳을 헤쳐 나와 높은 계단을 오르는 미션을 수행하는 로봇 대회를 열었다. 2012년 처음 미션을 발표했을 때 세계 최고의 과학자들도 '이게 말이 되느냐'라고 할 정도로 높은 기술력을 갖추어야만 가능한 미션이었다.

로봇으로 인간을 구한다는 목표 아래 NASA, 록히드마틴, MIT, 동경대 등 내로라하는 세계 최고의 연구소들이 대회에 참가했다. 로봇 역사상 최고의 대회라고 평가받았던 이 대회에서 각 연구소는 자존심을 걸고 대회에 임했다. 세계 최고의 팀들 사이에서 대한민국의 작은 벤처기업인 로보티즈도 예선을 하나하나 통과해 나갔다. 그리고 끝까지 살아남아 2015년 최종 생존자 24개 팀 가운데 하나로 결선을 치렀다. 비록 우승은 못 했지만 할 수 있는 모든 것을 다했기에 후회는 없었다. 우리는 로봇으로 사람을 구하겠다는 의지로 주변의 편견을 딛고 실패를 두려워하지 않으며 도전했다. 그리고 결승전이 다가올 때까지 희망을 잃지 않았다.

이 대회를 통해 한 사람의 꿈의 크기도 어마어마하게 크지만 같은 꿈을 가진 동료들이 마음을 합하면 측정할 수 없을 만큼 큰 힘을 낸다는 것을 배웠다. 그렇지 않다면 어떻게 7명의 연구원들이 수십 명으로 이루어진 세계 최고 연구소 팀들과 어깨를 나란히 할 수 있었겠는가? 대회는 끝났지만 우리가 만든 로봇이 불길을 헤치고 건물 잔해를 뚫고 바닷속에 뛰어들어 사람을 구할 때까지 아직 우리의 도전은 끝나지 않았다.

꿈을 좇는다는 것은 그런 것 같다. 절대 불가능해 보이는 일들을 성공시키는 원동력. 열정을 불태울 수 있게 만드는 연료와 같은 존재. 힘든 상황을 극복하게 해 주는 청량제. 행복이라는 단

어가 무엇인지 느끼게 해 주는 힘. 그리고 무엇보다 같은 꿈을 가진 동료와 함께 꿈을 실현해 나갈 때 나오는 무한의 에너지. 꿈을 좇을 때 느낄 수 있는 이런 행복감과 에너지를 우리 청소년들이 느끼면서 자라났으면 한다. 꿈은 의사, 변호사 같은 직업이 절대 아니다. 꿈은 마음속에서 말하는 일 그 자체이다. 직업은 얻으면 거기서 끝이지만 일은 다양한 방법으로 언제까지나 할 수 있는 존재다. 일 자체가 꿈이 되어야 주변 환경이 바뀌더라도 한평생 꿈을 좇으며 즐겁게 살아갈 수 있다.

내가 로봇 박사라고 하면 어떤 사람들은 로봇 덕분에 힘든 일에서 해방될 것을 상상하며 기대한다. 한편으로는 로봇이 사람을 해치고 일자리를 빼앗을지 모른다며 걱정하기도 한다. 인공지능 알파고 때문에 요즘은 걱정하는 사람들이 더 많아졌다.

로봇은 어떤 문제를 야기할까? 앞만 보고 무작정 달려오던 나 역시 큰 장벽에 부딪힌 것 같았다. 과학과 공학밖에 알지 못하는 나에게 사회 현상은 알면 알수록 혼란스러운 세계였다. 그러나 내가 깨달은 건 사회 현상도 과학도 로봇도 모두 사람에 의해 만들어지고 사람을 위해 존재한다는 사실이다.

과학기술은 바로 쓰면 약이 되지만 잘못 쓰면 독이 된다. 과학기술의 문제라기보다 사람의 문제다. 기대와 걱정은 동전의 양

면과 같다. 밝은 면이 있으면 어두운 면도 있다. 안 좋은 것을 버리고 좋은 것을 살려 나가면 된다. 사랑, 우정, 추억, 기대, 믿음을 소중히 생각하는 사람, 함께 울어 주는 사람, 서로의 마음을 움직이고 공감하는 것을 중요하게 생각하는 사람, 이런 사람들이 만들어 내는 로봇이라면 괜찮지 않을까?

처음 나를 과학과 로봇의 세계로 이끈 것은 아픈 동생을 돕고 싶은 마음이었다. 지금 나는 매일 아침 사람을 구하는 로봇을 만들겠다고 다짐한다. 나의 꿈은 로봇 박사가 되는 것이 아니고, 로봇이라는 과학을 하는 것이다. 그것도 사람을 도와주는 과학을 하는 것이다. 그래서 **나에게 '과학한다'는 것은 '꿈을 꾼다'는 것이다.** 처음 로봇을 만들겠다는 꿈을 꾸던 시절과 지금 마음속에 그리는 로봇의 모습은 다를지라도, 나는 여전히 새로운 꿈을 꾸기에 설계하고, 실험하고, 실패하고, 다시 도전하며 '과학한다.' 내 꿈을 이루기 위해서는 아직도 가야 할 길이 멀지만 그 꿈을 이루기 위해 과학하는 이 순간이 행복하다.

이 글을 읽고 있는 청소년 여러분도 마음속에서 무언가 외치는 말이 있을 것이라고 믿는다. 잘 안 들린다면 자신을 좀 더 잘 돌아보기를 권한다. 분명 마음은 무언가를 말하고 있는데 주변 상황에 가려서 또는 자신이 처한 환경 때문에 잘 들리지 않을 것이라고 생각한다. 마음속에서 외치는 말을 주의 깊게 잘 들어 보고 마음이 시키는 대로 용감하게 한 걸음씩 뚜벅뚜벅 걸어가기 바란다. 모두 모두 파이팅!

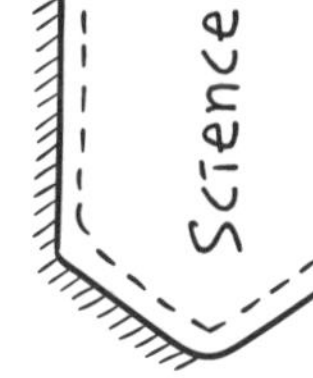

$$F=ma$$

짧고 간결한 뉴턴의 운동 법칙. 힘(F)의 크기는 질량(m)과 가속도(a)의 곱과 같다. 이 공식을 처음 접한 고등학교 때는 그렇게 큰 매력을 느끼지 못했다. 단지 '답 내기 쉬운 공식이다' 정도의 느낌이었던 것 같다. 하지만 지구상에서 벌어지는 대부분의 현상이 이 공식 하나로 설명 가능할 뿐만 아니라 세상을 예측할 수도 있다는 것을 알고부터는 뉴턴 공식의 매력에 푹 빠져버렸다.

움직이는 물체는 왜 움직이는가? 어떻게 보면 어리석은 질문 같지만 사실 꽤 진지한 고민이다. 물체가 움직인다는 것은 꽤 신기한 현상이기 때문이다. 그런데 왜 움직이는지는 우리 모두 경험상 잘 알고 있다. 물체에 힘이 가해졌기 때문에 움직이는 것이다. 물체를 센 힘으로 밀면 물체가 빨리 움직이고 약한 힘으로 밀면 천천히 움직인다는 사실도 경험적으로 알고 있다. 또한 같은 힘을 주더라도 무거운 물체는 잘 안 움직이고 가벼운 물체는 잘 움직인다는 사실도 이미 경험으로 알고 있다. 그런데 문제는 얼마만큼 빨리 움직이고 얼마만큼 천천히 움직이는지 정확하게 숫자

Science

로 알 수 있느냐는 것이다. 이 모든 현상이 단 세 개의 알파벳으로 설명 가능하다니! 정말 경이로운 일이 아닐 수 없다.

이 식으로부터 공학에서 다루는 모든 역학이 탄생하게 된다. 로봇과 직접적으로 관련된 대표적인 두 학문만 예를 들어 보겠다. 가속도가 없는, 즉 움직이지 않는 상태에서 힘과 질량 사이에서 벌어지는 일을 고체역학 또는 정역학이라고 부른다. 그리고 가속도가 생겨서 움직일 때 벌어지는 일을 동역학이라고 부른다.

정역학은 로봇을 기계적으로 설계할 때 쓴다. 정역학으로 계산하면 로봇 내부의 힘 분포를 알아낼 수 있다. 계산 결과 어떤 부위가 약하다고 판단되면 질량을 키우거나 형상을 변경해서 그 부위를 튼튼하게 만든다. 반대로, 계산해 봤더니 너무 튼튼하다고 판단되면 다이어트를 시켜서 적당히 튼튼하게 만든다.

동역학은 로봇을 프로그래밍해서 움직이게 만들 때 쓴다. 누가 로봇을 밀치거나 어딘가에 걸리면 로봇이 넘어질 수 있다. 이때 동역학으로 외부의 힘과 로봇의 힘 및 현재의 가속도 관계를 계산하면 로봇이 넘어질지 안 넘어질지를 예측할 수 있다. 그래서 넘어질 것 같다 싶으면 재빠르게 적당한 모터에 반대 방향으로 적당한 힘을 발생시켜서 로봇을 넘어지지 않게 만

Science

든다. 또한 원하는 속도로 로봇이 걷게 하기 위해서는 로봇 관절마다 설치된 모터들이 각각 얼마나 센 힘을 내야 하는지도 계산해 낼 수 있다.

이 모든 것이 $F=ma$라는 단순하고 명료한 식으로부터 나온다니, 정말 놀랍지 아니한가?(물론 조금만 더 깊이 들어가서 식을 분화해 나가기 시작하면 이 책의 한 페이지가 넘는 긴 식이 나올 수도 있다는 것이 함정이긴 하다.)

말랑말랑하고 폭신폭신한 로봇

돈 홀·크리스 윌리엄스 감독, <빅 히어로>

애니메이션 〈빅 히어로〉는 로봇이 인간에게 어떤 존재여야 하는지를 생각하게 하는 수작이다. 주인공이자 로봇 신동 '히로'를 그림자처럼 따라다니는 로봇 '베이맥스'는 지금까지 보아 온 로봇들과는 생김새부터 다르다. 터미네이터처럼 강해 보이지도, 아이언맨처럼 세련되지도 않으며 트랜스포머처럼 변신하지도 않는다. 베이맥스의 외피는 고무풍선이다. 그래서 말랑말랑해 보이고 쓸데없이 뚱뚱해 보인다. 그 외모가 로봇답지 않다고 할지 모르겠으나 한 번 더 생각해 보면 로봇은 그래야 한다는 데 동의할 것이다.

로봇이 우리와 함께 살기 위해서 갖춰야 할 가장 큰 덕목 중 하나는 인간에게 해가 되지 말아야 한다는 것이다. 터미네이터나 아이언맨처럼 크고 무거운 금속 덩어리 로봇이 우리에게 넘어지

〈빅 히어로〉 | 돈 홀·크리스 윌리엄스 감독
2015

기라도 한다면 어떤 일이 벌어질까? 상상하기 싫은 사건 사고가 끊이지 않을 것이다. 그런데 베이맥스는 히로가 건물에서 떨어질 때 그를 감싸 안으며 같이 떨어진다. 그렇게 몸을 에어백처럼 이용해 히로의 생명을 구해 낸다. 베이멕스는 폭신폭신해서 인간을 다치게 하기는커녕 인간을 보호한다. 인간을 위해 존재한다는 로봇의 목적을 이보다 더 잘 실천하는 몸체가 있겠는가?

어떤 사람들은 고무풍선 몸체의 아이디어가 단지 재미를 위해 만들어진 건데 너무 좋게 포장하는 것 아니냐고 말할지도 모르겠다. 하지만 〈빅 히어로〉의 자문을 했던 카네기멜론대학교의 크리스 아키슨 교수는 부드러운 로봇, 소프트 로보틱스의 대가이다. 이 짧은 애니메이션에 그의 인간 보호 로봇 철학이 녹아 있다.

소년소녀
과학탐구
2

나의 스테파네트 아가씨

+

$E=mc^2$, $6CO_2+12H_2O \xrightarrow{\text{빛에너지}} C_6H_{12}O_6+6O_2$

+

샘 킨, 『사라진 스푼』

: 이정모 :

연세대학교 생화학과를 졸업하고 같은 대학원에서 석사 학위를 받았다. 독일 본대학교 화학과에서 연구하였으나 박사는 아니다. 안양대학교 교양학부 교수와 서대문자연사박물관장을 거쳐 현재 서울시립과학관장으로 일하고 있다. 『달력과 권력』, 『공생 멸종 진화』 등 몇 권의 책을 썼다. 사막과 밀림 탐험을 즐긴다.

나의 스테파네트 아가씨

"나는 초록색 공룡이 될 거야."

우리 옆집에 전파천문학자의 아들이 살았다. 어느 날 이 아이가 우리 교회의 여름 성경 학교에 나왔다. 그때는 아마 서너 살 정도 되는 꼬마였을 것이다. 행사 중에 장래 희망을 묻는 프로그램이 있었다. 아이들은 축구 선수, 간호사, 의사, 목사 또는 사모님(목사의 부인) 같은 희망을 이야기했다. 꼬마 차례가 됐다. "나는 공룡이 될 거야. 초록색 공룡. 입에서는 불이 나오고 하늘을 날아다녀." 이 이야기를 들은 젊은 여선생님은 말문이 막혔지만, 아이들은 입이 트였고 날개가 돋았다. 그날 성경 학교가 끝날 때까지 아이들

은 날개 달린 공룡 흉내를 내며 뛰어다녔다. 그리고 나도 그 꿈을 나눠 꾸게 되었다. “아, 나도 입에서 불이 나오는 초록색 공룡이 되어서, 이 꼬마와 함께 하늘을 날아다니면 좋겠다.”

“과학 잡지마다 왜 ‘이달의 별자리’ 같은 코너가 있을까요?”

당시 내가 보던 몇 종의 독일 대중 과학 잡지에는 ‘이달의 별자리’ 코너가 있었다. 도대체 누가 그걸 본다고 매달 싣는지 궁금했다. 공룡이 되고 싶은 꼬마의 아빠인 전파천문학자가 대답했다. “별과 공룡이 과학으로 통하는 관문이기 때문인 것 같아요.” 앗, 그렇구나. 정말로 별자리를 보는 사람이 있구나.

전파천문학자와의 대화 이후에 나는 새로 사귀는 과학자들에게 왜 과학을 하게 되었는지 자주 묻는다. 그들은 이런저런 이야기를 하지만, 결론은 대부분 공룡 아니면 별이었다. 그들에게는 어린 시절 공룡이 그려진 책을 사 준 부모님이 계셨고, 밤하늘을 바라보면서 무한한 상상을 펼치는 날개가 있었다.

"아빠는 왜 생화학과에 갔어?"

큰딸이 고등학교에 다니던 시절에 물었다. 아, 이 아이가 장래를 고민하고 있는가 보다. 순간 내 머릿속에는 많은 장면이 지나갔다. '뭔가 근사한 이야기를 해 주어야 한다. 내 진로를 결정하게 된 아름다운 이야기가 있을 것이다.' 그런데 내 마음과는 달리 내가 뱉은 말은 아뿔싸, "학력고사 성적이 딱 맞더라고."였다. 미안하다, 내 딸아. 옆에서 이 장면을 본 아내가 잠자리에서 다그쳤다. "진로를 탐색하는 아이한테 해 줄 이야기가 그것밖에 없어? 자기에게는 별이나 공룡 같은 추억이 없었어? 청송 하늘에서 본 은하수가 기억나지 않아?" 왜 기억이 안 나겠는가? 그 별들이.

천문학에 발을 들여놓은 사람이 아니더라도 별을 사랑하는 사람들은 많다. 그런데 그들이 정말로 밤하늘의 별을 그리도 많이 봤는지는 잘 모르겠다. 적어도 나는 밤하늘의 별을 보며 자라지는 못했다. 우리 엄마는 밤 9시만 되면 불 끄고 잠자리에 들기를 강요하셨다. 새 나라의 어린이는 그러해야 한다는 것이었다. 그래야 키가 큰다고 했다. 하지만 나는 알고 있었다. 엄마는 전기세를 아끼려 하시는 것일 뿐이고, 나는 그렇게 일찍 잤지만 키는 절대로 크지 않아서 항상 반에서 두 번째로 작았을 뿐이다. 그리고 나에게는 동생이 셋이나 있다.

"어마, 저렇게 많아! 참 기막히게 아름답구나! 저렇게 많은 별은 생전 처음이야. 넌 저 별들 이름을 알 테지?"

교과서에 실린 단편 소설 「별」에서 스테파네트 아가씨가 목동에게 이렇게 물었다. 이 소설의 작가는 「마지막 수업」이라는 짧은 단편으로 내게 모국어는 소중하며, 장학사는 나쁜 사람이라는 (정말로 그렇다는 게 아니라) 강한 인상을 심어 준 알퐁스 도데였다. 그 존경해 마지않는 알퐁스 도데가 이번에는 나에게 '별'을 이야기한다. 그는 실제로 무슨 이야기를 하고 싶은 것일까? 당시 국어 참고서에는 '별을 매개로 하여 순수한 사랑의 정수를 가르쳐 준다.'라고 나와 있었다. 이게 도대체 무슨 말인지는 정확하지는 않지만, 실제로 많은 친구들이 「별」 이야기를 할 때마다 기꺼이 이렇게 대답한다. 그게 정상인지 모르겠다. 그런데 어쩌겠는가? 난 그 소설을 읽으면서 여인의 살갗에 더 큰 관심이 생겼으니.

"아무렴요, 아가씨. 자! 바로 우리들 머리 위를 보셔요. 저게

은하수랍니다."

스테파네트가 묻자 목동은 이렇게 이야기한다. 그게 은하수였기에 망정이지 무슨 백조자리나 독수리자리 같은 별자리였으면 국어 선생님들은 고생깨나 하셨을 것이다. 어쨌든 이런 따위의 장면은 내게 아무런 감동을 주지 않았다. 이때라도 은하수에 조금이라도 흥미를 가졌더라면 내 인생 행로가 달라지고 가슴도 조금 넓어졌을 테지만, 나를 흥분시킨 장면은 따로 있었다.

"나는 무엇인가 싸늘하고 보드라운 것이 살며시 내 어깨에 눌리는 감촉을 느꼈습니다. 그것은 아가씨가 졸음에 겨워 무거운 머리를, 리본과 레이스와 곱슬곱슬한 머리카락을 앙증스럽게 비벼대며, 가만히 기대 온 것이었습니다."

아! 얼마나 아름답고 행복한 장면인가! 바로 이거야! 어깨에 기댄 보드라운 살결이 느껴지고 여인의 머리카락 냄새가 나는 것 같았다. 아! 위대한 문학의 힘이여! 그러면서도 알퐁스 도데에게 불만이 생겼다. 왜 작가는 목동으로 하여금 추운 밤을 꼼짝도 않고 그대로 지새우게 만들었을까? 스테파네트 아가씨의 속마음은 그게 아니었을 텐데 말이다. 아! 문학의 비겁함이여!

"오빠, 저걸 봐!"

그날 우리는 손을 꼭 쥐고 경상북도 청송군의 어느 산골 마을을 걷고 있었다. 교회 청년 회원들과 함께 보름간의 농촌 봉사 활동을 갔는데, 마지막 날 밤에 마을 잔치를 하고 숙소로 돌아가는 길이었다. 나는 회원들이 민주적인 방식으로 선출한 회장이고, 그 여학생은 내가 전략적으로 선택한 회계였다. 무슨 행사를 하면 회계는 당연히 회장과 함께 끝까지 남아서 인사도 하고 결산도 하면서 다른 동료보다 나중에 자리를 떠야 한다.

나는 어둠을 틈타 손을 잡았다. 아무리 캄캄한 밤길이지만 '오빠'가 함께 가는데 여인에게 무슨 걱정이 있겠는가? 한여름의 얇은 티셔츠를 사이에 두고 닿는 어깨의 느낌이 좋다. 팔뚝의 살갗이 스친다. 손과는 전혀 다른 느낌이다. 아! 좋다. 그래! 나는 그 멍청한 목동이 아니다. 그리고 나에게는 알퐁스 도데 같은 이상한 작가 정신도 없다. 밤새 이렇게 걷지는 않을 테다. 아직 숙소에 도착하기까지는 시간이 있고, 동료들은 수십 미터 앞에 있다.

그런데 오빠에게 머리 위를 보란다. 원, 세상에. 이렇게 밝을 수가! 땅은 캄캄한데 하늘은 휘황찬란했다. 난생처음(?) 은하수를 보았다. 서양 사람들이 은하수를 밀키웨이(Milky Way)라고 하는 이유가 헤라의 가슴에서 분수처럼 솟아난 젖이라는 로마 신화에서 왔다고 들었는데, 그들이 그렇게 생각할 만했다. 스테파네트보다 아름다운지 어떤지는 몰라도 분명히 적어도 열 배나 똑똑할 것이라고 믿어 의심치 않았던, 이 여인은 은하수에 반해서 오빠의 손마저 놓고 말았다. 누가 밤하늘의 별을 보고 아름답다고 하는가! 밤하늘의 별을 보면서 사랑을 키운다고? @#$%&^#*@~%! 청송 하늘의 그 밝은 별들은 젊고 순수한 청년에게 큰 좌절을 안겼을 뿐이다. '하여간 바람이 문제야. 제우스가 알크메네와 바람만 피우지 않았어도, 아니면 바람은 피우더라도 헤라클레스만 태어나지 않았어도, 밤하늘을 밝게 수놓은 은하수는 없었을 텐데. 그리고 그녀가 내 손을 놓는 일도 없었을 텐데…….'

"아빠, 공룡들은 왜 갑자기 사라졌어?"

청송에서 함께 밤하늘의 은하수를 보았던 그 아가씨와 결혼하고 군대를 다녀온 후 독일 유학을 떠났다. 내가 공부한 곳은 독일 본(Bonn). 인구가 25만 명밖에 되지 않는 작은 도시다. 그사이에 내 전공은 생화학에서 유기화학으로 바뀌어 있었고 어느덧 큰

아이가 태어났다. 이제 내 삶의 중심은 세상에 하나뿐인 딸이었다. 우리 부부뿐만 아니라 지구와 태양을 비롯한 모든 천체는 내 딸을 중심으로 돌아갔다.

본에는 제법 멋진 자연사박물관이 있다. 고래 특별전을 한다고 해서 어린 딸을 데리고 한 번 가 보았다. 나는 독일에 오기 전까지는 자연사박물관에 가 본 적이 없고, 심지어 '자연사'라는 말을 들어 본 적도 없다. 그런데 딸이 자연사박물관을 좋아했다. 자연사박물관은 곧 내가 제일 좋아하는 공간이 되었다. 세상은 내 딸을 중심으로 돌아가기 때문이다.

자연사박물관은 정말 낯선 공간이었다. 코끼리, 얼룩말, 기린 같은 동물은 비록 익숙하기는 하지만 동물원에서는 멀찌감치 떨어져서야 볼 수 있는 동물이었는데, 자연사박물관에서는 비록 박제 표본이기는 하지만 코앞에서 – 사실은 코 아래에서 – 볼 수 있었다. 거리가 바뀌고 보는 각도가 바뀌자 전혀 다른 모습이 보였다. 코끼리 등에 난 잔털들이 귀여웠고, 얼룩말의 얼룩무늬는 무서웠다.

또 삼엽충, 암모나이트처럼 지금은 볼 수 없는 동물의 화석도 있었다. 딸에게서 온갖 물음이 터져 나왔다. "얘네들은 왜 이렇게 생겼어?" 가장 큰 충격은 공룡이었다. 컸다. 커도 너무 컸다. 감당이 안 될 정도로 컸다. 나는 공룡들이 왜 이렇게 커졌는지 궁금했

다. 그런데 딸의 궁금증은 달랐다. "아빠, 공룡들은 왜 갑자기 사라졌어?" 그러게, 왜 사라졌을까…….

"엄마, 난 그날 밤이 가장 행복했어."

2004년 8월 12일 저녁이었다. 우리 부부는 파워 워킹을 하며 야간 조명등이 환하게 밝혀진 근린공원을 돌고 있었다. 아내에게 말했다. "오늘 유성우가 내린다는데 구경 갈까?" 아내가 채 대답도 하기 전에 앞에서 걷던 낯선 부부가 뒤돌아서더니 대답했다. "우리도 같이 가요." 결국 근린공원에서 만난 몇 가족이 한밤에 파주 보광사를 찾아가 뜰에 돗자리를 펴고 누웠다. 신문 보도에 따르면 분명히 오늘 밤 페르세우스자리 밑에서 별똥별이 비처럼 쏟아진다고 했다. 하지만 11시가 넘도록 비는 내리지 않았다. 신화 이야기를 듣던 아이들은 잠이 들고 말았다. 같이 가자고 처음 말했던 그 아저씨는 부리부리한 눈빛으로 나에게 이렇게 얘기했다. "@#$%&^#*@~%!"

하지만 다행히도 자정 무렵이 되자 정말로 별똥별이 내리기 시작했다. 하나, 둘, 셋……. 나중에는 세기를 그쳤다. 너무 많아 의미가 없었기 때문이다. 사람들은 기뻐했다. 그 짧은 순간에 소원을 말하느라 눈을 부릅뜨고 하늘을 봤다. 사람들이 즐거워하자 겨우 마음이 놓인 나는 아내 옆에 누워서 손을 잡았다. 이젠 그녀의 스치는 살갗도, 어깨에 기대는 무거운 얼굴도, 머리카락 냄새도 별 감흥을 주지 못했지만 그래도 행복했다. 무엇보다도 오늘 밤에는 그 은하수가 보이지 않는다. 보광사의 하늘에도 은하수는 없다. 아내는 내 손을 놓지 않을 것이다!

며칠이 지난 후 소파에 엎어져 낮잠을 즐기고 있는데, 초등학교에 다니던 딸아이가 엄마와 도란도란 이야기를 나누는 소리가 들렸다. "엄마, 난 그날 밤이 가장 행복했어." 잠결에 그 소리를 듣던 나도 행복했다.

"공룡들은 무슨 생각했을까?"

우물쭈물하다 보니 나는 자연사박물관의 관장이 되었고 여름이면 몽골의 고비사막에서 공룡 화석을 캐게 되었다. 사막 한가운데에서는 해가 지고 나면 할 일이 없다. 아주 환한 공간이 있어서 공부를 하거나 토론을 할 수 있는 것도 아니다. 할 일이 없으면 누워야 한다. 사막 한가운데에 깔개를 깔고 눕는다. 지평선과 수직으로 맞닿은 여름 은하수가 아름답다. 별이 얼마나 많은지 내게로 떨어지는 별빛에 가슴이 답답해질 정도다. 우주는 아름답고 장엄하다. 하긴 나이가 138억 살이니……. 누워만 있어도 우주를 찬양하게 된다.

사막은 뜨겁고 건조하다. 하지만 공룡이 살았던 시절에는 전

혀 다른 환경이었을 것이다. 자연스럽게 온갖 공상을 펼치게 된다. '그때도 풀과 나무가 있었겠지. 생쥐만 한 크기의 포유류들이 땅속에 굴을 파고 살았겠지. 밤이 되면 굴에서 나와 잠자는 공룡의 발바닥을 갉아먹었을 거야.'

그런데 밤하늘은 아무런 변화가 없다. 아무리 아름다워도 변화가 없는 것을 계속 보고 있을 수는 없다. 다행히 가끔 별똥별이 떨어진다. 스테파네트가 생각나고 청송의 은하수가 떠오른다. 그러다가 갑자기 질문이 하나 떠올랐다. 지금 내가 누워 있는 자리에 1억 년 전에는 공룡들이 누웠을 것이다. '공룡들은 무슨 생각했을까?'

나는 지금은 과학관장으로 일하고 있다. 어떻게 보면 매일 똑같은 일을 반복하는 지루한 생활일 것 같지만 그렇지 않다. 아직도 밤하늘의 별을 보면서 공룡 생각을 하기 때문이다. 그리고 나의 스테파네트 아가씨는 여전히 내게서 과학 이야기를 듣고 싶어 한다. 그런데 가만, 하늘을 날고 입에서는 불이 나오는 초록색 공룡이 되겠다던 그 꼬마는 그 꿈을 이루었을까? 비록 초록색 공룡이 되어 입에서 불을 내뿜으며 하늘을 날아다니지는 못하지만 과학을 하고 있다.

Science

나를 사로잡은 과학 공식

$$E=mc^2,\ 6CO_2+12H_2O \xrightarrow{\text{빛에너지}} C_6H_{12}O_6+6O_2$$

나는 두 가지 공식에 사로잡혔다. 이 공식들을 볼 때마다 짜릿하다. 엄청나게 중요한 사실을 알려 주면서도 정말 엄청나게 단순하기 때문이다. 나는 단순한 게 좋다. 단순한 것에는 거짓이 숨어들 수 없고 아름답다.

(1) $E=mc^2$

E는 에너지, m은 질량, c는 빛의 속도다. 여기서 빛의 속도는 상수다. 상수라는 것은 이미 정해져 있어서 절대로 변하지 않는 수라는 뜻이다. 빛의 속도는 299,792,458m/s로 정해졌다. 따라서 이 공식은 오른쪽의 질량(m)의 변화에 따라서 왼쪽의 에너지(E)가 정해진다는 뜻이다.

원자는 핵과 전자로 구성되는데 핵을 중심에 두고 전자들이 구름처럼 퍼져 있는 모양이다. 원자핵은 다시 양성자와 중성자로 구성되는데, 이 원자핵에 중성자가 들락거릴 수 있다. 중성자가 우라늄 같은 원자핵 속으로 들어오면 핵이 떨기 시작한다. 그리고 마침내 쪼개진다. 하나가 둘로 쪼개졌다면, 둘의 질량을 합하면 처음 하나의 질량과 같아야 마땅할 것 같다. 그런데 쪼개진 두 원자핵의 질량은 처음 하나의 원자핵의 질량보다 작다. 그 질량은 어디로 갔을까? 에너지로 변했다.

질량이 에너지로 변한다는 것은 '질량이 곧 에너지'라는 뜻이다. 그래서

이 공식을 '질량-에너지 등가 원리'라고 한다. 이 공식을 만든 사람은 알베르트 아인슈타인이다.

핵발전소와 핵폭탄은 원자핵이 쪼개지는 과정, 즉 핵분열 과정에서 생기는 에너지를 이용한다. 그렇다면 핵이 합쳐지는 핵융합 과정에서는 어떤 일이 생길까? 수소 핵 네 개가 합쳐지면 하나의 헬륨 핵이 된다. 그런데 수소 핵 네 개 질량보다 헬륨 핵 하나의 질량이 작다. 그 질량은 어디로 갔을까? 이번에도 마찬가지로 에너지로 변했다. 이런 일은 별에서 일어난다. 별은 활활 타면서 빛을 내는 천체를 말한다. 태양도 별이다. 우리가 쬐는 햇볕은 수소가 헬륨으로 핵융합되는 과정에서 사라진 질량이 변한 에너지다.

핵분열과 핵융합 과정에서 발생하는 에너지가 엄청난 까닭은 아무리 작은 질량의 차이가 발생했다고 하더라도 거기에 빛의 속도를 두 번이나 곱한 만큼의 에너지가 생기기 때문이다.

$$(2)\ 6CO_2 + 12H_2O \xrightarrow{\text{빛에너지}} C_6H_{12}O_6 + 6O_2$$

누구나 알고 있는 광합성 화학식이다. '여섯 분자의 이산화탄소가 열두 분자의 물과 반응하면 포도당 한 분자와 여섯 분자의 산소가 생긴다.'라는 뜻이다. 이 반응이 일어나는 곳은 식물세포에 있는 엽록체다. 공기 중에 있

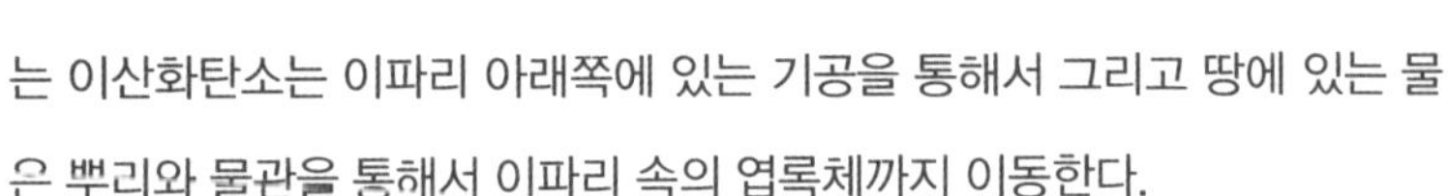

는 이산화탄소는 이파리 아래쪽에 있는 기공을 통해서 그리고 땅에 있는 물은 뿌리와 물관을 통해서 이파리 속의 엽록체까지 이동한다.

레고 블록으로 만든 자동차가 있다고 하자. 이것으로 이번에는 로켓을 만들고 싶다. 순서는 빤하다. 먼저 레고 블록으로 만든 자동차에서 블록을 떼어 내야 한다. 이때 에너지가 필요하다. 그리고 떼어 낸 블록으로 로켓을 조립한다. 이때도 에너지가 필요하다. 이 에너지는 우리 몸에서 나온다.

광합성도 마찬가지다. 이산화탄소와 물이 포도당과 산소가 되려면 일단 이산화탄소는 산소와 탄소로, 물은 수소와 산소로 분해되어야 한다. 당연히 에너지가 필요하다. 분해된 원자들이 이번에는 포도당과 산소 분자로 조립된다. 물론 에너지가 있어야 한다. 그렇다면 이 에너지들은 어디서 왔을까?

바로 태양이다. 광합성이 굳이 엽록체에서 일어나는 까닭은 엽록체가 햇빛의 태양에너지를 받아들일 수 있기 때문이다. 태양에서 수소 원자핵이 헬륨 원자핵으로 융합될 때 사라진 질량이 변한 에너지가 이산화탄소와 물에서 포도당과 산소 분자를 만들 때 필요한 에너지로 쓰이는 것이다. 그 에너지는 포도당 속에 숨어 있다. 포도당에 숨겨진 에너지는 적다. 따라서 우리는 엄청나게 많은 양의 포도당 분자가 필요하다. 우리가 먹는 음식량을 생각해 보라. 우리가 포도당을 먹으면 그 속에 숨겨져 있는 에너지는 레고 블록으로 만들어진 자동차를 로켓으로 바꾸는 데 쓰인다. 뿐만 아니라 우리 몸을 이루는 모든 것을 만든다.

단 두 개의 공식을 통해서 태양이 우리가 될 수 있으니 얼마나 아름다운가. 아름다운 것에는 사로잡히기 마련이다.

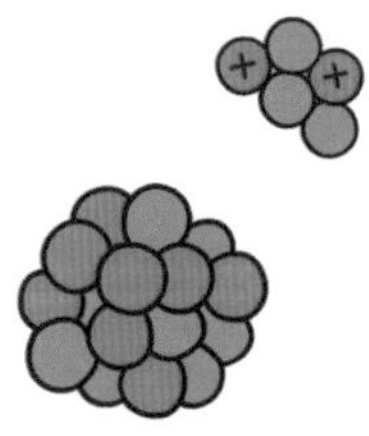

주기율표에서 읽어 내는 삶의 연결 고리

샘 킨, 『사라진 스푼』

화학 선생님이 말씀하셨다. "화학은 주기율표에서 시작해서 주기율표에서 끝나는 거야. 그러니까 닥치고 암기!" 화학을 공부해 보니까 이 말씀을 이해할 수 있었다. 화학은 주기율표에서 시작해서 주기율표로 끝난다!

『사라진 스푼』은 주기율표에 등장하는 원소들의 이야기다.

"이쑤시개를 하키 스틱처럼 사용해 물렁물렁한 공들을 서로 가까이 다가가게 하자, 두 공이 닿는 순간 갑자기 한 공이 다른 공을 집어삼켰다! 조금 전까지만 해도 공이 두 개 있던 자리에는 하나의 공이 흠집 하나 없이 흔들거리고 있었다."

원소 번호 80번인 수은에 관한 이야기다. 어린 시절 깨진 온도계에서 새어 나온 수은을 가지고 놀았던 기억이 생생히 살아났다.

『사라진 스푼』 | 지은이 샘 킨
옮긴이 이충호 | 해나무 | 2011

이 책은 원소를 추적하여 생물학에서 천문학에 이르기까지 자연과학 전반을 소개한다. '원자는 어디서 왔을까 : 우리는 모두 별의 물질로 만들어졌다' 챕터는 초신성이 폭발하면서 원소가 생성되는 과정을 아름답게 그렸다. 가슴 아픈 챕터도 있다. '분쟁을 부추기는 탄탈과 니오브'가 그것이다. 휴대 전화에 쓰이는 탄탈과 니오브는 전 세계 공급량 중 60%가 콩고에서 나는데 두 금속은 골탄이라는 광물에 섞여 산출된다. 내가 사용하는 휴대 전화가 콩고의 식량 부족과 고릴라 멸종, 그리고 인간에 대한 잔혹 행위에까지 연결된다. 이 책을 읽는 동안 보이지 않는 삶의 연결 고리에 대한 성찰과 더불어 상상력만 발휘한다면 누구나 주기율표를 즐길 수 있다는 것을 깨달을 수 있다.

소년소녀
과학탐구
3

기생충은 착하다

+

기생충, 우리들의 오래된 동반자

+

다카노 가즈아키, 『제노사이드』

: 서민 :

기생충학과 교수이자 칼럼니스트다. 서울대학교 의과대학 재학 중 방송 대본 「킬리만자로의 회충」을 쓰는 등 기생충에 지속적으로 관심을 표명하다가 대학 졸업 후 본격적으로 기생충학계에 투신, 같은 학교 대학원에서 박사 학위를 받았다. 단국대학교 의과대학 기생충학과에서 학생들을 가르치면서 '기생충학의 대중화'를 위해 인터넷 블로그, <딴지일보>, <한겨레>, <경향신문> 등에 칼럼을 써 왔다. 기생충을 사랑하며, 누구나 원할 때 기생충을 볼 수 있도록 기생충 박물관을 만들겠다는 꿈을 가지고 있다.

기생충은 착하다

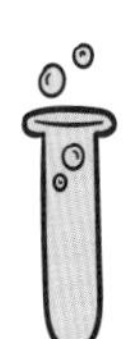

초등학교 시절, 과학자는 인기 직업이었다. 대부분의 남학생들이 과학자를 꿈꿨으니 말이다. 거기엔 시대적 배경 같은 요소도 있었으리라. 당시 우리나라는 지지리도 가난한 나라였으며, 과학은 이 가난을 벗어나는 유일한 방법처럼 받아들여졌다. 신문에서도, 뉴스에서도, 학교에서도 언제나 '대한민국의 미래를 위해' 과학의 중요성을 강조하곤 했으니까. 하지만 내 꿈은 과학자가 아니었다. 과학에 흥미도 없는 데다 과학 성적이 그다지 좋지 않았던 것도 이유였지만, 하루하루가 너무 재미없어 지구가 당장 망하기만을 바랐던 아이가 장래 희망을 갖는 건 어려운 일이었다.

그로부터 30여 년이 지난 지금, 그 아이들 중 실제로 과학계에 종사하고 있는 친구는 별로 없는 반면, 늘 멍하니 앉아만 있던 내가 과학자가 된 건 아이러니하다. 그 계기는 실로 우연이었다. 딱히 이과에 재능이 있는 것 같지는 않으니 문과로 갈까, 이런 생각을 하고 있는데 적성 검사 결과가 의대에 가라고 나왔다. 깜짝 놀랐다. 아무런 재능도 없어 보였던 내게 적성이란 게 있다는 게 그저 신기했다. '의대'라고 쓰여 있는 결과지가 마치 내 운명의 나침반 같았다. 그날 이후 나는 의대에 가기 위해 열심히 공부하기 시작했다. 한 번 목표가 생기자 공부가 잘됐다. 깨어 있는 시간은 늘 공부만 하려고 했고, 휴일이면 스톱워치로 시간을 재 가면서 15시간씩 공부했던 기억도 난다. 그렇게 난 의대에 갔다. 그리고 졸업을 앞둔 본과 4학년 때, 선택 의학 과목에 기생충을 써 넣었다가 교수님으로부터 "너 기생충학 해라."라는 말을 들었다. 내가 특별해서가 아니었다. 기생충학은 대변 검사를 한다고 소문이 난 탓에 하려는 사람이 아무도 없었으니까. 심지어 "괜히 근처에서 얼쩡거리다 붙잡힐 수 있다. 내가 아는 선배도 그렇게 기생충학자가 됐다."는 괴담이 떠돌 정도였는데, 난 제 발로 그곳을 찾아간 학생이었으니 교수님으로서는 이게 웬 떡이냐고 생각하셨을 만하다. 그 후부터 지금까지 난 기생충학자로 살고 있다.

이게 내가 과학자가 된 이유다. 적어 놓고 보니 영 쑥스럽다.

과학에 대해 투철한 사명 같은 게 조금이라도 있었으면 좋을 텐데, 적성 검사라는 종이 쪼가리에 적힌 계시를 철석같이 믿고 이 자리까지 왔다는 게 말이다. 내가 훌륭한 과학자가 못 된 것도 다 이것 때문일지도 모르겠다. 노벨 과학상을 탄 사람들의 어린 시절을 보면 다들 과학을 좋아했으니까. 캐리 멀리스(Kary B. Mullis)를 보자. 멀리스는 DNA를 증폭함으로써 현장에 있던 머리카락 하나로 범인을 알아내는 기법인 PCR(중합효소연쇄반응)을 만들어 노벨 화학상을 탄 사람이다. 그는 어린 시절 '로켓을 만들어 개구리들에게 우주여행을 시켜 주자.'는 인도적인 꿈을 가졌다. '인도적'이라고 한 이유는 대부분의 사람들이 '내가 우주여행을 하자.' 아니면 '부모님을 우주여행 시켜 드리자.'라고 생각하기 쉬운데, 멀리스는 미물이라고 할 개구리를 챙겼기 때문이다. 로켓의 연료를 만들기 위해 멀리스는 6개월이 넘도록 온갖 종류의 시약을 이렇게도 섞고 저렇게도 섞어 봤는데, 그 노력은 헛되지 않아 결국 로켓을 발사하는 데 성공한다. 그 로켓으로 우주여행을 시키는 과정에서 수많은 개구리들의 희생이 있었지만, 이 경험은 멀리스가 장차 위대한 발명을 하는 밑거름이 됐다.

"뭔가 궁금한 게 있으면 부모님한테 물어보지 말고 저지르세요. 부모님이 알면 십중팔구 못 하게 하거든요!"

멀리스의 이 말을 들으며 난 어린 시절 뭘 했을까를 잠시 떠

올렸다. 아이들이 안 놀아 주니 집에서 기르던 개와 놀았고, 같은 이유로 집에서 혼자 제기차기 연습을 했다(믿지 않을지 모르겠지만 최고 기록이 2,512개다). 과학과 관련된 미담은 아무리 생각해도 떠오르지 않는다. 기억나는 것은 죄다 흑역사뿐이다. 그나마 괜찮은 기억은 다음 에피소드 정도다. 초등학교 4학년 때 과학 경시대회에 나갈 대표를 뽑기 위해 전교생이 과학 시험을 봤다. 50점 만점이었던 그 시험에서 난 38점을 맞았다. 선생님이 40점 넘는 사람은 일어나 보라고 했다. 두 명이 일어났다. 38점 일어나라고 했더니 나와 다른 두 명이 일어났다. 우리 반 3등, 당시 내 성적치고는 굉장히 잘한 거라고 좋아했다. 그때 내 짝이 손을 들었다. 내 시험지를 잘못 채점했단다. “11개 틀렸으니 28점인데, 모르고 38점이라고 썼어요.” 3등이라고 좋아서 서 있던 난 얼굴이 붉어지며 앉았다. 그럼 그렇지.

앞에서 훌륭한 과학자가 되려면 어려서부터 과학을 좋아해

야 한다, 라고 했다. 그 이유는 이러하다. 과학을 좋아하다 보면 꿈이 생긴다. 꿈이 있는 사람과 없는 사람은 삶의 태도 자체가 달라진다. 다시 멀리스 이야기를 해 보자. 1983년 4월, 그는 여자 친구를 옆에 태우고 운전을 하고 있었다. 차가 달리는 도중 멀리스는 놀라운 아이디어를 떠올린다. 생물체의 DNA 중 그 생물체만이 가지고 있는 부분만 골라서 증폭시킬 수 있다면 다른 물질이 아무리 많이 있어도 쉽게 진단이 가능하지 않을까라는 생각을 한 것이다. 결국 그 아이디어는 PCR로 이어지는데, 여기서 우리가 본받아야 할 점이 있다. 첫째, 깊은 밤, 여자 친구와 같이 차 안에 있는 에로틱한 상황에서 이 놀라운 아이디어를 떠올렸다. 늘 과학에 관심이 가 있으면 주위가 산만해질 요소가 있어도 극복할 수 있다는 이야기. 둘째, 동료들은 다들 '그게 되겠느냐'며 회의적인 반응을 보였지만, 그는 반드시 그 아이디어를 현실로 만들겠다며 동분서주한 끝에 결국 PCR을 만든다. 로켓의 연료를 만드는 데 성공한 자신의 경험이 밑바탕이 됐으리라.

반면 얼떨결에 과학자가 된 나를 보자. 우리나라는 미국의 국립보건원처럼 큰 연구소가 없으니, 과학자가 되려면 교수가 돼야 한다. 교수가 되는 길은 다음과 같다. 먼저 교수 밑으로 들어가 조교로 일하며 석·박사 학위를 취득하고, 박사를 딴 뒤에는 박사 후 과정을 거쳐야 하는데, 운이 좋으면 이 과정을 건너뛰고 바로 교수가 될 수 있다. 어떻게든 교수가 되면 그때부터는 혼자 알아서 모든 실험을 다 해야 하니, 조교 때 열심히 일하고 많이 배우는 게 중요하다. 그런데 조교 시절 난 교수들을 쫓아다니며 배우는 대신, 언제 퇴근할까만 생각했다. 날 담당한 교수님이 늘 밤 9시쯤 집에 가셨는데, 7시만 지나면 수시로 교수님 연구실 앞에 가서 혹시 불이 꺼지지 않았는지 확인하곤 했다. 혹시 교수님이 약속이라도 있는 날이면 잽싸게 가방을 챙겨서 귀가해 버렸다. 그렇게 몇 달이 지났을 무렵, 교수님이 날 부르셨다.

"서민, 너는 테크니션이 아니야. 연구원이지. 테크니션과 연구원의 차이가 뭔지 알아? 테크니션은 시키는 일만 기계적으로 하는데, 연구원은 이 과정이 왜 필요한지 따져 보고, 결과가 잘못 나오면 그 이유를 분석한 뒤 더 좋은 결과를 위해서는 어떻게 해야 하는지 고민하는 사람이어야 해."

안타깝게도 난 그 말씀을 '야단'으로 들었다. '교수님은 왜 날 미워하실까.'라는 생각만 머릿속에서 맴돌았다. 과학을 통해 뭘 이루겠다는 꿈이 없는 전형적인 인간이 바로 나였다.

게다가 내게는 치명적인 약점이 있었으니, 손이 굉장히 거칠었다. 피부가 거칠다는 게 아니라 손놀림이 투박해서 섬세한 일을 하기가 어려웠다는 뜻이다. 연구는 굉장히 정교한 과정이다. 수많

은 단계를 빠뜨리지 않고 다 수행해야 하는 것은 물론, 스포이트로 용액 한 방울을 떨어뜨리는 과정도 매우 조심해서 해야 한다. 그런데 난 자장면을 먹으면 바닥을 온통 자장으로 범벅을 해 놓는 스타일이니 정교함이 필요한 실험을 잘할 리가 없었다. 예컨대 교수님은 내가 조교로 들어가자마자 캐나다에서 가져온 뒤 3년여 동안 키우신 기생충을 내게 주셨다.

"키우는 방법을 알려 줄 테니 이제부터는 네가 키워."

리슈만편모충이라는 이름을 가진 그 기생충은 우리나라에 존재하지 않는 종류였는데, 배지(배양액)를 교체해 줄 때 세균에 감염되지 않도록 조심해야 했다. 석 달이 지났을 무렵, 배지를 살펴본 나는 망연자실했다. 배지가 온통 곰팡이에 오염돼 있었던 것이다. 조금만 부주의해도 세균이 침투하는데, 부주의의 정도가 심하면 곰팡이가 들어온다. 즉, 곰팡이는 가히 오염의 최고봉이라 할 만한 것이다. 곰팡이의 공세를 이기지 못한 리슈만편모충은 다 죽어 버렸는지 한 마리도 보이지 않았다. 당연히 교수님에게 말씀드렸어야 했지만, 이럴 때만 입이 무거웠던 나는 그 사실을 묻어 버렸다. 그렇게 6개월이 지났다. 나는 리슈만편모충의 죽음은 잊은 채 즐거울 때 웃고 슬플 때 인상을 쓰는 평소의 나로 돌아왔다. 그러던 어느 날, 교수님이 리슈만편모충 일을 한다면서 내게 배지를 가져오라고 했다. 그제야 말씀드렸다. 오래전에 다 죽었다고. 잠시 뒤 나는 계단에 쪼그리고 앉아 울고 있었다. 억울해서가 아니라 스스로가 한심했고, 앞으로 과학자로 잘해 나갈 수 있을지 걱정이 되어서였다. 이런 일이 또 있었다. 환자 몸에서 나와 몇 년간 키웠던 이질 아메바라는 기생충 세 종류를 다 죽여 버린 것. 기생충을 전공하겠다는 학생이 한 명만 더 있었어도 난 아마 쫓겨났을 것이다.

이랬던 내가 교수가 된 건 순전히 기생충학이라는 희귀한 학문을 전공한 덕분이었다. '기생충학 교수 구함'이라는 공고를 보고 원서를 냈는데, 지원한 사람이 나밖에 없었다. 경쟁률이 1대 1인데 내가 뽑히는 건 당연했다. 하지만 기쁨도 잠시, 4년간의 조교 생활 동안 제대로 배우지 못했던 대가를 본격적으로 치르기 시작했다. 내가 몸담은 단국대에는 원래 기생충학과가 없었던 터라, 커다란 실험실은 텅 비어 있었다. 이제부터 내가 무슨 일을 할지 정하고, 그에 맞는 기계를 사 달라고 학교에 요청한 뒤 실험을 해야 했다. 이런 걸 전문 용어로 '세팅을 한다'고 말한다. 하지만 내겐 아무 생각이 없었기에 도대체 뭘 사야 할지를 몰랐다. 원심분리기와 현미경 등 기본적인 기계를 몇 가지 산 뒤 무슨 실험을 할까를 생각하다 보니 1년이 화살처럼 지나갔다. 처음 교수가 되면 1년 안에 논문을 세 편 이상 써야 한다는 의무 조항이 있었는데, 나는 논문을 하나도 쓰지 못했고, 결국 경고장을 받고야 말았다. 한 번 더 경고

를 맞으면 교수 생활도 안녕이었다.

정신이 번쩍 들었다. 논문을 써야 하는데 아이디어는 없고, 할 줄 아는 것도 없었다. 그때 내가 선택한 길은 교수라는 자존심을 버리고 원점에서 다시 출발하기였다. 난 충주에 계신, 나보다 3년 선배인 교수님에게 구조 신호를 보냈다.

"교수님, 제가 허드렛일 다 할 테니 연구하는 것 좀 가르쳐 주세요."

나는 틈이 날 때마다 충주에 가서 교수님과 실험을 했다. 그

때 했던 연구가 바로 동양안충, 눈에 기생하는 기생충에 대한 연구였다. 교수님이 워낙 연구를 잘하기로 유명한 분이셨기에 그 기간 동안 논문도 제법 쓸 수 있었다. 하지만, 내가 가장 좋았던 점은 연구라는 게 무엇인지 비로소 깨달을 수 있었다는 것이었다. 어느 정도 시간이 흐른 뒤 독립할 능력을 갖추게 됐고, 어렵사리 받은 연구비로 내 학교에 실험실을 다시 세팅해 실험을 하기 시작했다. 행운은 열심히 하는 이에게 온다고, 내게 구원의 손길을 뻗친 이가 있었다. 나와 동창으로, 서울대 해부학 교실에 근무하는 친구가 전화를 걸어 왔다.

"야, 내가 미라 연구를 하려고 하는데, 네가 대변에서 기생충 검사하는 것만 좀 해 줄래?"

의아했다. 그가 근무하는 서울대에는 기생충학 교수가 무려 다섯 명이나 있는데 왜 천안에 있는 나와 같이 일을 하려는 것일까? 동창이기 때문이라면, 인하대에서 기생충학을 하는 또 다른 친구도 있는데 말이다. 스스로 내린 결론은 내가 편하기 때문이었다. 공동 연구는 아주 민감한 작업이다. 장사를 같이 한다고 해 보자. 한쪽이 "내가 더 많이 파는데 왜 돈은 똑같이 나누지?"라고 생각하는 순간 동업이 깨지지 않는가? 연구도 크게 다르지 않아, 한쪽이 연구비를 더 많이 쓰거나 자신이 중요 저자로 이름을 올리겠다고 우기면 오래가지 못한다. 그래서 공동 연구를 할 때는 실력

도 실력이지만 인간성을 많이 보는데, 그 친구 눈에는 내가 비교적 괜찮은 인간으로 보였던 모양이다. 그때부터 지금까지 10년이 넘는 시간 동안 연구를 같이 하고 있는 걸 보면 그 친구의 눈이 꼭 틀린 건 아니었나 보다. 요즘엔 연구가 점점 대형화되면서 교수끼리의 공동 연구가 주를 이루고 있으니, 훌륭한 과학자가 되려면 욕심을 버리고 대인 관계를 잘 맺는 것도 중요하다.

그 친구가 제안한 미라 연구는 정말 좋은 주제였다. 미라 자체가 워낙 희귀해서 그런지 미라의 변에서 기생충의 알이 나오기만 하면 그 어려운 해외 학술지에서 논문을 흔쾌히 받아 줬다. 미라 변에 약품 처리를 한 뒤 현미경으로 보면 되니, 일 자체가 별로 어렵진 않았다. 게다가 기생충이 없는 미라는 단 한 구도 없었는데, 1970년대까지 우리나라 국민들 대부분이 기생충에 감염돼 있었다는 걸 감안하면 크게 놀랄 일은 아니다. 아무튼 나는 그 친구와 조선 시대 미라 20여 구를 조사했고, 그 미라 개수만큼의 논문을 학술지에 실을 수 있었다. 물론 이 과정이 마냥 쉽진 않았다. 논문이라는 건 남들이 안 한 새로운 것, 전문 용어로 'something new'가 담겨 있어야 한다. 내가 했던 미라 연구가 해외 학술지에 쉽게 실렸던 이유는 한국 미라에서 기생충 알을 검출한 게 처음이었기 때문이다.

예를 들어 보자. 첫 번째 미라에서 회충 알이 나왔다. 이건 당연히 논문거리가 된다. 두 번째 미라에서 또 회충 알이 나왔다. 이건 첫 번째보다는 가치가 떨어지지만, "그 당시 한국에서는 회충이 만연하고 있었다."는 증거가 될 수 있으니, 논문으로 쓸 가치는 있다. 그런데 세 번째 미라에서 또 회충 알이 나왔다면? 좋은 학술지에서는 이 논문을 받아 주지 않는다. 그럼 어떻게 해야 할까? 발견된 사실에 새로운 의미를 부여하는 방법이 있다. "회충은 주로 채소에 붙은 회충 알을 통해 감염된다. 그러니 이 지역 사람에게서 회충 알이 나온 것은 이 지역이 인분 비료를 썼다는 증거가 된다." 또 다른 예. 어떤 여자의 몸에서 폐디스토마의 알이 나왔다고 해 보자. 여자는 임산부였고, 폐디스토마는 민물 가재를 먹어서 감염된다. 이걸 "임산부가 폐디스토마에 걸려 죽었다. 민물 가재를 먹었나 보다."라고 쓰면 평범한 논문이 된다. 하지만 "그 당시 조선 시대에는 임산부에게 보양식으로 가재즙을 먹이는 풍토가 있었던 것 같다."라고 쓰면 어떨까. 외국에서는 가재즙을 먹는다는 것 자체가 신기한 일이기 때문에, 이 논문은 좋은 학술지에 실릴 수 있다. 연구 결과에서 그럴듯한 부분을 찾아내 의미 부여를 하는 능력이 과학자에게 필요한 이유다.

이런 능력을 갖추려면 어떻게 해야 할까? 내 경험을 바탕으로 말한다면, 답은 책 읽기다. 책 중에서도 소설이 좋다. 과학과 소

설이 도대체 무슨 상관이 있느냐고 하겠지만, 책을 읽으면 상상력과 사고력이 향상돼 좋은 아이디어도 많이 떠오르고, 연구 결과에 의미 부여를 하는 능력도 기를 수 있다. 게다가 글쓰기 실력도 향상됨으로써 논문을 더 잘 쓸 수 있으니, **훌륭한 과학자를 꿈꾼다면 틈나는 대로 책을 읽으시라.** 한 편의 논문도 쓰지 못해 경고를 받았던 내가 '최근 5년간 논문을 가장 많이 쓴 교수'로 뽑혀 학교에서 상을 받은 것이 그 증거다.

위에서 내 손이 섬세하지 못해서 고생했다는 이야기를 했다. 이건 도대체 어떻게 극복했을까? 간단하다. 손이 고운 사람을 뽑으면 된다! 아이디어를 내고, 나온 결과물의 의미를 찾는 일은 다른 이에게 부탁하는 게 불가능하지만, 거친 손은 얼마든지 대체가 가능하니, 자장면을 먹으면 바닥을 온통 자장 범벅을 해 놓는다고 해서 과학자의 꿈을 포기하진 마시라.

돌이켜 보면 기생충학을 선택한 건 참 다행스러운 일이었다. 임상 의사가 돼서 늘 비슷한 환자만 보고 사는 동기들과 달리 나는 늘 새로운 일을 하려고 노력하니까. 지겹다는 감정은 같은 일을 반복할 때 나오는 것인데, 기생충학은 지겨울 새가 없게 만들어 준다. 이것 말고도 좋은 점이 더 있다. 환자들은 의사에게 불만을 표하는 경우가 있고, 이 불만이 때로는 의사에 대한 폭행으로, 또는 의료 소송으로 이어지기도 한다. 하지만 기생충은 날 때리지 않는다. 지금까지 기생충에게 잘못한 일이 한두 가지가 아니다. 시약을 잘못 섞어서 기생충을 몰살시킨 것을 비롯, 진상을 안다면 "아니 어떻게 저런 짓을?"이라고 할 만한 일을 수도 없이 저질렀지만, 기생충들로부터 욕을 먹은 적은 한 번도 없다. 욕하기는커녕 좋은 논문을 쓰라고 기꺼이 몸을 제공하니, 가히 '아낌없이 주는 나무'다. 내가 '기생충은 착하다'라고 외치는 이유는 받은 은혜가 많기 때문이기도 하다.

TV를 오랫동안 안 보면 별로 보고 싶은 마음이 생기지 않는다. 하지만 재미있는 드라마에 빠져서 TV를 보기 시작하면 또 다

른 드라마에도 관심을 갖게 되고, 결국 “아니 이렇게 볼 게 많다니!”라는 한탄이 절로 나온다. 연구도 마찬가지다. 기생충에 대해 잘 모르는 사람이라면 “기생충은 대부분 멸종했는데 연구할 게 뭐가 있어?”라고 생각하겠지만, 막상 연구를 하다 보면 해야 할 연구가 너무도 많다. 나 역시 그렇다. 하고 싶은 연구가 많다 보니 정년을 마칠 때까지 이 일들을 다 할 수 있을까 하는 마음에 초조해지기도 한다. 하고 싶고 또 해야 하는 연구를 하고, 그 결과를 논문으로 발표하고, 또 새로운 연구를 하는 것. 이게 바로 과학자의 삶이다. 어찌 보면 다람쥐가 쳇바퀴를 도는 것 같지만, 그 안에는 무수한 보람과 재미가 포진해 있다. 보다 많은 이들이 이런 재미를 느껴 보길 바란다.

Science

내 마음에 꽂힌 과학 명언

"기생충, 우리들의 오래된 동반자"

이 말은 기생충학자 정준호가 쓴 책의 제목인데, 이보다 기생충의 특성을 더 잘 나타내는 말은 없을 듯하다. 인류는 태어난 지 얼마 안 돼 기생충의 습격을 받았을 테고, 그중 일부가 사람에게 정착해 인간 기생충이 됐을 것이다. 지금까지 발견된 가장 오래된 기생충의 알이 3만 년 전 인류가 살던 프랑스 동굴에서 발견된 회충 알이니, 인류는 그 이전부터 기생충에 시달려 왔을 듯하다.

인간의 기생충은 어떻게 생겨났을까? 20만 년 전 아프리카에서 탄생한 호모사피엔스, 즉 현생 인류는 배를 채우기 위해 이것저것 먹었을 것이고, 그 안에 있던 기생충들이 사람에게 들어온다. 기생충이 다른 종류의 숙주에게 적응하는 것은 그리 쉬운 일이 아니다. 수백 년, 혹은 수천 년 동안 노력하다 보면 그중 일부가 적응해 해당 동물의 기생충이 된다. 하지만 오스트랄로피테쿠스나 호모에렉투스 등 인류의 조상 격인 종에 적응하는 데 성공했던 기생충이라면 사람에게 들어와 사는 것은 그리 오랜 시간을 필요로 하지 않았을 것이다. 그렇게 하나둘씩 들어온 기생충은 곧 모든 인간에게 전파되기 시작했다. 여기에는 걸림돌이 있었다. 초기의 사람들은 한곳에 오래 머무는 대신 여러 곳을 전전하며 먹을 것을 취하는, 소위 '수렵 채집 생활'을 했다. 사람 몸 안에 있는 기생충은 대변을 통해 알을 내보낸다. 나이가 찬 아

이를 학교에 보내는 것과 비슷한데, 이 알들은 유치원 대신 흙 속에서 2~3주가량 있으면서 유충을 안에 품은, 사람에게 감염력을 가진 알로 성장한다. 이 알들을 사람이 섭취해야 감염이 이루어지지만, 수렵 채집 생활을 하는 사람들은 알들이 충분히 자랐을 무렵 이미 그 땅을 떠나 다른 곳에 가 있다! 사람에게 들어갈 날만 기다리던 알들이 얼마나 황당하겠는가?

농업혁명은 기생충에게 기회였다. 한곳에 정착해 농사를 짓고, 거기서 나온 작물을 먹다 보면 기생충의 알들이 들어갈 수밖에 없었다. 하지만 기생충이 전성기를 맞게 된 것은 인분 비료를 쓰면서다. 기생충에 걸린 사람이 싸는 변에는 기생충의 알이 수없이 들어 있는데, 그 변을 써서 만든 배추를 먹으면 2~3개월 후 회충과 편충을 비롯한 수많은 기생충이 몸 안에 자리 잡았다. 거기에 생선을 날로 먹다 보면 간디스토마나 기타 장에 사는 디스토마들이 우르르 들어오니, 기생충이 우리들의 오래된 동반자라는 말은 괜한 게 아니었다. 요즘 미라에서 기생충의 알을 찾는 일을 하는데, 지금까지 발견된 조선 시대 미라 20여 구 중 기생충이 없는 미라는 단 하나도 없다. 이건 비단 우리나라의 문제만은 아니어서, 1940년대 기생충학자로 유명한 미국의 스톨 박사는 다음과 같이 한탄했다.

"지구의 인구가 20억밖에 안 되는데, 기생충의 숫자를 모두 합치면 인류보다 훨씬 많구나. 이게 과연 누구의 지구냐?"

Science

스톨의 한탄이 잘 보여 주듯, 인류는 우리의 동반자를 점점 미워하기 시작했다. 친한 친구 중 한 명이 잘되면 친구 간의 관계가 서먹하다가 멀어질 수 있는데, 이게 딱 그런 경우였다. 삶이 위생적으로 바뀌면서 시시때때로 모습을 드러내는 기생충이 부끄럽게 여겨졌던 것. 꼭 기생충 때문만은 아니었겠지만 인간은 대변을 먹는 물과 분리하는 상하수도 시설을 만들기 시작했는데, 이는 기생충들에게 큰 타격이었다. 변을 통해 나온 알들이 흙으로 가야 발육을 할 텐데, 막상 눈을 떠 보니 대변을 처리하는 하수 처리장에 와 있다면 얼마나 황당하겠는가? 거기에 정부는 기생충박멸협회 같은 기구를 만들어 사람들에게 대대적인 구충을 실시했고, 그 결과 모든 국민의 몸 안에 있던 기생충은 이제 소수의 사람에게만 남아 있게 됐다.

그런데 기생충이 없는 삶이 과연 행복한 것일까? 우리가 몰랐을 뿐, 기생충은 몸 안에서 아무것도 안 한 건 아니었다. 예를 들어 기생충은 우리의 면역계와 놀아 주는 아주 중요한 역할을 했는데, 기생충이 없어지고 나자 심심해진 면역계가 난데없이 우리 몸을 공격함으로써 알레르기와 자가 면역 질환을 일으키고 있다. 기생충이 5% 이하로 떨어진 1990년대부터 이런 질환들이 크게 늘어난 것이다. 이 광경을 보고 있노라면 기생충의 목소리가 들리는 것 같다.

“오래된 동반자를 마음에 안 든다고 내치면 네가 다리 뻗고 편히 잘 수 있을 줄 알아?”

물론 인류가 다시 기생충을 몸에 품을 일은 없겠지만, 기생충의 단백질을 뽑아 주사함으로써 알레르기를 예방하거나 이식된 장기의 수명을 늘리는 등의 연구가 활발히 진행되고 있으니, 기생충이 다시금 인류와 돈독한 관계를 맺을 날도 머지않아 오지 않을까 싶다.

인류보다 진화한 생명체가 등장한다면

다카노 가즈아키, 『제노사이드』

"너무도 어렵고 이해하기 어려운 과학이야기." 과학 분야 베스트셀러인 칼 세이건의 『코스모스』에 대해 어느 분이 쓴 리뷰다. 나 역시 『코스모스』를 어렵게 읽었기에, 이 리뷰에 동의한다. 우리가 명저로 알고 있는 과학 교양서 중에는 이처럼 어려운 책이 많다. 리처드 도킨스가 쓴 『이기적 유전자』도 그렇고, 고교생들에게 자주 추천되는 토마스 쿤의 『과학혁명의 구조』도 만만히 읽히는 책은 아니다. 과학 교양서가 과학에 대한 흥미를 불러일으킬 수도 있지만, 오히려 과학에 대한 꿈을 꺾을 수도 있지 않을까?

『제노사이드』를 읽으면서 '차라리 이 책을 필독서로 추천하면 어떨까?'라는 생각을 했다. 이 책은 과학 소설로, 일본과 미국, 콩고를 배경으로 벌어지는 일대 사건을 그리고 있다. 콩고에서 신

『제노사이드』 | 지은이 다카노 가즈아키
옮긴이 김수영 | 황금가지 | 2012

인류가 태어난다. 호모사피엔스와는 차원이 다른 지능을 갖춘 신 인류가 위협적인 존재라고 생각한 미국 정부는 특공대를 보내 제거하려고 한다. 얼핏 보면 그냥 액션 소설 같지만, 『제노사이드』가 우리에게 던지는 과학적인 질문들은 결코 간단하지 않다. 호모사피엔스가 네안데르탈인을 멸종시켰듯, 새로 탄생한 인류가 우리 인간을 없애는 것도 얼마든지 가능하지 않겠는가? 게다가 소설의 마지막 부분에서 주인공은 어차피 놔두면 죽을 것이라는 이유로 의학적으로 검증되지 않은 약을 환자에게 쓰려고 하는데, 여기에 대해 윤리적 고민을 할 수 있다는 것도 보너스다. 바로 과학의 고전에 도전하기보다는 재미있는 과학 소설을 읽으면서 과학에 대해 알아 가는 것도 좋은 방법이라고 생각한다.

소년소녀
과학탐구
4

모든 것은 호기심에서 시작되었다

+

다윈의 명언

+

윤신영, 『사라져 가는 것들의 안부를 묻다』

: 이상희 :

고인류학자. 서울대학교와 미국의 미시간대학교에서 공부하고 일본 소켄다이에서 박사 후 연구원 생활을 했다. 미국의 캘리포니아 리버사이드대학교 인류학과에서 교수로 재직하면서 인류의 진화에 대하여 연구를 계속해 오고 있다. 고인류학을 널리 알리기 위해 다양한 언론 매체에 글을 써 왔으며 2015년에는 『인류의 기원』이라는 책을 냈다. 피아니스트를 꿈꾸다가 삽질하게 되었으며 요즘에는 인류의 진화 연구에서 드러나지 않는 소수자에 대한 새로운 연구를 구상하는 중이다.

모든 것은 호기심에서 시작되었다

여러분은 우리가 어디에서 왔는지, 왜 이런 모습으로 여기 이 땅 위에서 살아가고 있는지 궁금하지 않나요? 최초의 인류는 누구인지, 우리는 왜 두 발로 곧게 서서 걷게 되었는지, 우리 머리는 도대체 왜 이렇게 큰지, 우리 몸의 털은 어쩌다 사라지게 되었는지, 그리고 인류는 지금도 진화하고 있는지…….

저는 이런 질문들의 답을 찾는 고인류학자입니다. 그런데 '한국의 고인류학 박사 1호'라고 불리지만, 사실 저는 과학자가 되겠다는 꿈을 가진 적이 없습니다. 대학교를 졸업할 때까지만 해도 과학에 대해서는 매우 추상적이고 막연한 느낌만 가지고 있었습니다. 물리, 화학, 생물. 뭔가 어렵고 복잡하고, 외울 것도 많고, 익혀야 할 것도 많은 과목이었습니다. 실제로 만나 본 적도 없는, 제 머릿속에서의 과학자는 흰 가운을 입고 실험실에서 혼자 골똘히 현미경을 들여다보는 사람일 뿐이었어요. 고등학교 때에는 문과였고, 대학교는 인문대학에 속한 고고미술사학과에 입학했습니다. 뼛속 깊이 문과 사람인 셈입니다. 지금 저를 보고 전통적인 의미의 과학자가 아니라고 생각하는 사람들도 있을지 모릅니다.

인문학도인 제가 과학에 대해 본격적으로 생각하게 된 것은 대학교 때부터입니다. 당시 우리 학과로 새롭게 오신 이선복 교수님으로부터 과학으로서의 고고학 – '신고고학'이라는 돌풍을 몰고 왔던 새로운 조류였습니다 – 에 대해 배울 때였습니다. 과학적인 방법론과 가설, 자료 검증, 유추와 같은 과학의 과정을 배우며 막연하고 멀게만 느껴지던 과학이 재미있다는 것을 그때 처음 알았습니다.

그 후 한국 토기의 성분을 분석하는 연구로 졸업 논문을 쓰게 되었는데, X선 회절분석 기술을 이용해야 했습니다. 무기재료공학과의 실험실을 빌려서 토기를 잘게 자르고 분석 시료로 만드는 작업을 했습니다. 흰색 가운을 입지는 않았지만 현미경을 들여다보게 되었지요. 딱딱한 경질 토기와 부드러운 연질 토기가 재료에서 어떤 차이가 있는지 성분을 분석하면 제작 방법의 복원뿐 아니라

점토질 원산지까지 알 수도 있는 연구 과제였습니다. 이렇게 저는 과학에 재미를 붙이게 되었습니다.

대학교를 졸업하고 미국으로 유학을 가게 되었을 때 고인류학이라는 생소한 분야를 공부하기로 마음먹었습니다. 리처드 리키의 책 『Origins』(『인류의 기원』)을 읽고 머나먼 시간과 공간 속에서 인간성이 어떻게 시작되는지, 우리의 시작이 서로 물어뜯고 잡아먹는 괴물 같은 원시인이 아니라 협동과 양보를 통한 인간 같은 원시인이라는 이야기가 무척 감동적으로 느껴졌습니다. 그리고 뼈(화석)에서 정보를 캐내어 인간성의 근원에 대한 탐구를 과학적으로 할 수 있다는 점이 매력적이었습니다.

고인류학은 멀게는 수백만 년 전의 인류 조상을 연구 대상으로 합니다. 발굴을 통해 오래전 뼈 화석을 얻고, 이를 통해 당시 인류의 몸에 대한 정보와 삶, 생태, 진화 등을 연구합니다. 따라서 뼈만으로 많은 정보를 얻을 수 있도록 생물학과 인체를 많이 공부해야 합니다. 유전학과 진화론도 잘 알아야 하지요. 저는 입학하자마자 의대와 생물학과에서 해부학과 유전학을 들으며 생물학을 기초부터 새로 배웠습니다. 그뿐만이 아니었습니다. 체육대에서 운동 역학 강의를 듣고 움직임이 뼈에 미치는 영향에 대해 공부했습니다. 그런데 사실은 강의 내용보다 더 큰 어려움이 있었습니다.

대학원 수업을 들으면 꼭 나오는 과제가 소논문을 쓰는 일이었습니다. 과학적인 글을 어떻게 쓰는지 전혀 배우지 않고 무작정 한국에서 쓰던 식으로 다른 논문들의 내용을 길게 정리해서 제출하면 지적을 받았습니다.

"너의 질문은 무엇이니?"

'질문'이 무엇인지 결정하는 일은 너무 어려웠습니다. 그렇지만 지금은 과학 교육 중에서 가장 중요한 교육이라고 생각합니다. 질문이 제대로 되어 있어야 자료도 제대로 찾을 수 있고 결론도 제대로 낼 수 있으니까요. 지나고 보니, 너무도 힘들었던 당시 훈련 과정이 지금에 와서는 큰 도움이 됩니다.

제가 질문을 찾아 헤맸던 이야기를 하나 들려 드릴게요. 저는 노년의 기원에 대해 연구했습니다. 센트럴미시간대학교에 재직 중인 레이첼 카스파리 교수와 함께했던 연구입니다. 인간은 노년기가 있다는 점이 특이합니다. 21세기에 들어 노령화가 진행되면서 노년에 대한 관심이 커졌습니다. 고인류학에서는 노년이 언제부터 어떻게 인류의 진화 역사에서 등장했는지 연구가 진행되었습니다. 저와 카스파리 교수 역시 이 문제에 도전해 보기로 했습니다. 인류 계통이 시작했을 당시인 500만 년 전에는 분명히 오래 살지 못했을 것입니다. 그리고 분명히 지금은 노령화가 사회 문제가 될 정도로 사람들이 오래 삽니다.

인간의 노년기는 언제부터 나타나기 시작했을까요? 언제부터 나타났는지 알아낸다면, 왜 나타났는지, 어떠한 진화적인 이익이 있었는지까지도 생각해 볼 수 있습니다. 노년기가 언제부터 나타나기 시작했는지 알려면 화석 인류 중 늙은 개체가 언제부터 나타나기 시작했는지 알아보면 됩니다. 즉, 화석 인류 중에 늙은 나이에 죽은 개체를 모아서 연구해 보면 되는 것이지요.

우리의 재미있는 연구 주제는 이 단계에서 벽에 부딪히고 말았습니다. 왜냐하면 화석이 몇 살에 죽었는지 알아내기가 힘들기 때문입니다. 성장이 끝나지 않은 인골(사람 뼈)의 경우, 사망 당시의 나이를 웬만큼 정확하게 추정하는 일이 어렵지 않습니다. 각 뼈마

다 성장판이 닫히는 연령대가 다르거든요. 치아를 봐도 알 수 있습니다. 유치가 나고 빠지는 나이, 영구치가 나는 나이는 모두 어느 정도 정해져 있기 때문이지요. 따라서 어떤 치아가 나왔는지, 아직 안 나왔는지를 보면 대략 나이를 알 수 있습니다.

그런데 성장이 끝난 어른의 경우 인골만 가지고는 연령 추정을 할 수 없습니다. 개인차가 워낙 크거든요. 그래서 30세라고 추정된 인골은 35세일 수도 50세일 수도 있습니다. 몇 세까지 살다가 죽었는지, 사망 연령을 알 수 없다면 노년기의 진화에 대한 기본 자료를 모을 수 없게 됩니다. 우리의 연구는 이미 개발된 연령 추정 방법의 한계에 부딪혀서 앞으로 나아가지 못했습니다. 더 정확한 연령 추정 방법을 개발하거나, 연구를 포기해야 했습니다. 저는 이때 창의적인 방법을 통한 해결책을 제시했습니다. 30.8세, 48.6세 등으로 나타내는 연령은 정확해 보이지만 소수점은 아무 의미가 없었습니다. 어차피 몇 세인지 정확하게 알 수 없는 연령 추정에 매달리지 말고 과감하게 '젊은 어른'과 '늙은 어른'으로 나누어 그 비율을 들여다보자고 한 것입니다. 즉, 노년기는 젊은 어른 수에 대한 늙은 어른 수의 비율로 나타낼 수 있게 되었습니다.

'젊은 어른'은 성장을 끝마친 시점부터 한 번 더 성장 주기를 지내고 있는 어른이라고 정의했습니다. '늙은 어른'은 성장 주기를 두 번 이상 지낸 어른이라고 정의했습니다. 그러니까 만약 18년 동안 성장을 했다면 18세부터 36세까지는 젊은 어른이고, 36세를 지나면 늙은 어른이라고 했습니다. 인간의 성장이 대략 끝나는 시점이 사랑니가 나는 때인데 평균 18세이거든요. 그렇게 성장 주기를 정하고 그동안 얼마나 치아가 마모되었는지 관찰해서 젊은 어른과 늙은 어른으로 나누었습니다. 그 결과 젊은 어른에 비해 늙은 어른의 수가 엄청나게 증가하는 시점이 3만 년 전이었습니다. 노년기의 기원이 3만 년 전 정도라는 논문을 발표하자 학계 및 사회 전반의 열정 어린 주목을 받았습니다. 왜냐하면 3만 년 전 유럽에서는 동굴 벽화와 같은 예술 문화가 크게 발전한, '인간 혁명'으로 불리우는 후기 구석기 시대가 시작되었기 때문이에요.

제가 했던 노년기 연구는 과학적인 연구입니다. 실험실에서 가운을 입고 현미경을 들여다보는 과학자만을 연상했던 저는 이제 과학을 한다는 뜻이 진정 무엇인지 알 수 있습니다. 우리의 연구는 재미있는 호기심에서 시작했습니다. '노년기는 언제 시작되었을까?' 그런데 그 호기심 그 자체로서는 자료로 검증할 수가 없었습니다. 그래서 '노년'의 뜻을 새롭게 생각해서 자료로 검증할 수 있도록 했습니다. 막연했던 '노년'을 '젊은 어른과 늙은 어른의 비율'이라는 구체적이고 계량화할 수 있는 개념으로 만든 것이지요. 그러자 호기심은 자료로 검증할 수 있는 질문이 되었습니다. '노년기는 언제 시작되었을까?'라는 호기심은 '젊은 어른에 비해 늙은 어른이 언제부터 많아졌을까?'라는 숫자로 대답할 수 있는 질문이 되었습니다. 그리고 자료를 수집해서 분석한 결과 질문에 대해 답할 수 있게 되었습니다. "노년층은 3만 년 전에 크게 증가했다." 이럴 때 질문은 과학적인 가설이 됩니다.

제가 고인류학자이다 보니 사람들은 저를 만나면 "그동안 궁금했는데 마침 잘 되었네요." 하며 인간에 대한 이런저런 궁금증을 해결해 달라고 부탁합니다. 식인종이 과연 존재하는지, 짝짓기 시기가 정해져 있는 다른 동물과 달리 인간만 왜 항상 성관계를 할 수 있는지, 인류는 언제부터 왜 고기를 먹게 되었는지, 피부색

과 인종 문제는 어떤 상관이 있는지 등등 다양한 질문이 쏟아집니다. 당연합니다. 인간이라면 누구나 한 번쯤은 인류가 왜 이런 모습으로 살아가고 있는지, 처음부터 그랬는지 아니면 어떤 이유로 언제부터 그렇게 되었는지 생각해 보니까요. 그러면 저는 더 많은 호기심을 자극해 스스로 답을 알아보고 싶은 마음이 들도록 최선을 다해 글을 쓰고 이야기를 들려줍니다. 누구든 수백만 년 동안 계속되어 온 인류의 진화 역사를 들여다본다면 우리가 사는 세상을 새로운 눈으로 돌아볼 수 있게 되기 때문입니다. 그렇게 되면 우리는 우리가 사는 세상에 대해 더 많은, 더 놀라운 질문들을 던질 수 있게 됩니다. 호기심은 질문이 되고, 그 질문의

답을 찾다 보면 우리 삶은 분명히 달라질 것입니다.

3만 년 전에 폭발적으로 증가한 노년층이 같은 시기에 폭발적으로 나타나기 시작한 벽화나 장신구와 같은 예술품을 만들었을까요? 노년층과 후기 구석기 시대 예술품의 연결 고리는 과학적인 가설이 아닙니다. 아직은 재미있는 호기심의 단계입니다. 이 호기심을 숫자로 나타낼 수 있는 자료로 만들어서 상관관계를 분석할 수 있게 된다면 비로소 과학적인 가설이 되겠지요? 상상력이 풍부한 여러분의 연구를 기대해 봅니다.

고인류학은 오래전에 살았던, 지금은 사라진 인류 조상을 연구하는 학문입니다. 현생 인류인 우리는 아직은 멸종하지 않은, 그러나 멸종하고 있는 호모사피엔스이고요. 누구든지 무대에 등장하면 퇴장할 때도 있지요. 현생 인류는 화려하게 무대에 등장해서 지구의 생물 역사상 가장 큰 발자취를 남기고 있습니다. 자연을 일구어 뛰어난 문명을 발달시켰지만, 전쟁과 전염병, 환경 파괴를 불러와 지구상의 모든 생명체들을 아프게 하고 있지요. 우리 인류가 언젠가는 떠나야 할 이 지구라는 무대를 어떻게 남겨 놓고 떠날 수 있을지, 우리가 할 수 있는 일은 무엇일지 이것이 요즘 제가 가장 많이 생각하는 질문입니다. 자, 그렇다면 지금, 여러분의 질문은 무엇인가요?

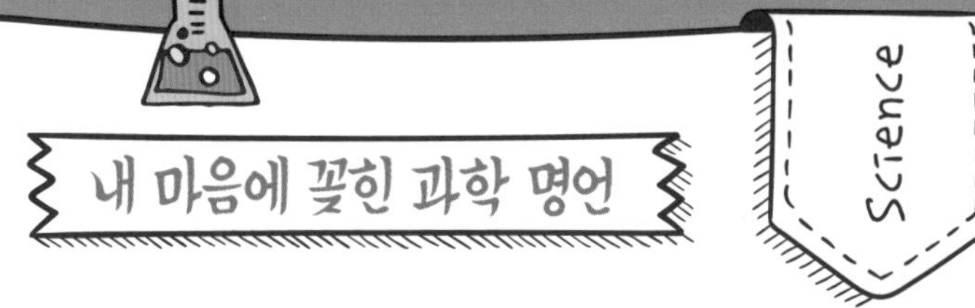

Thus, from the war of nature, from famine and death, the most exalted object which we are capable of conceiving, namely, the production of the higher animals, directly follows. There is grandeur in this view of life, with its several powers, having been originally breathed (by the Creator)* into a few forms or into one; and that, whilst this planet has gone cycling on according to the fixed law of gravity, from so simple a beginning endless forms most beautiful and most wonderful have been, and are being, evolved. (Charles Darwin, Origin of Species, 1859; *괄호 속은 1860년도판부터 들어가 있는 표현입니다.)

저를 사로잡은 과학 명언은 다윈의 유명한 책 『종의 기원』 마지막을 장식하는 두 문장입니다. 몇몇의 번역문을 들여다봤지만, 영어 원문을 읽고 제가 받은 느낌이 제대로 살아 있지 않았습니다. 그래서 제가 직접 번역해 보았습니다.

Science

“우리가 상상할 수 있는 최고의 모습인 고등동물은 이렇듯 자연 속에서 벌어지는 전쟁으로부터, 굶주림과 죽음으로부터 만들어졌습니다. 삶을 보는 이런 관점이 얼마나 장엄하고 힘찬가요! (창조주로부터) 몇몇에게 불어넣어진 생명은 지구가 중력의 법칙에 따라 돌고 있는 동안 너무도 단순하게 시작해서 최고로 아름답고 멋진 모습으로 진화해 왔고 지금도 진화하는 중인 것입니다.”

이 두 문장에 진화론의 기본이 들어가 있습니다. 자연에서 일어나는 자칫 끔찍하고 참혹해 보이는 일들을 통해 고등동물이 진화했다는 것입니다. 진화에는 방향이 있지 않습니다. 물론 생물계를 ‘고등동물’과 ‘하등동물’로 나누는 일은 현대의 감각으로 봤을 때 맞지 않습니다. ‘하등동물’들도 나름대로 치열한 적응을 통해 지금의 모습으로 진화되었기 때문이지요. 그렇지만 이 말의 요점은 아름답고 멋진 모습은 아름답고 멋진 과정의 결과가 아니고, 아름답고 멋지게 만들겠다는 목표 의식의 결과도 아니라는 점입니다. 만물의 영장이라고 불리는 인간이 간단하고 재미없는 법칙인 ‘시간’처럼, 누구도 의도하지 않았지만 그냥 지금의 모습으로 있게 되었다는 이야기는 인간이 특별하게 창조된 존재이기를 바라고 믿었던 사람들에게는 충격적이고 받아들일 수 없는 것이었습니다.

그런데 저는 이 문장에서 진화론뿐만 아니라 삶을 살아가는 기본 태도

를 보게 됩니다. 우리는 살아가면서 계획을 세우지만, 계획대로 되지는 않습니다. 우리의 손 밖에 있는 무수한 변수들 때문이지요. 그리고 그 변수들은 때로는 끔찍하고 참혹하기도 하고, 때로는 지겹고 지루하기만 합니다. 우리의 아름답고 멋진 모습은 계획해서 되는 것이 아니라 단지 다양한 모습을 띠고 나타나는 오늘 하루를 살아 낸 결과입니다. 이 구절은 제게 묘한 위안과 힘을 줍니다.

멸종의 무게

윤신영, 『사라져 가는 것들의 안부를 묻다』

이 책은 '행운의 편지'처럼 꼬리를 물고 이어지는 편지의 모음입니다. 처음에는 사람이 박쥐에게 쓰는 편지로 시작해서 꿀벌, 호랑이, 돼지, 고래, 비둘기, 십자매, 공룡, 버펄로, 사자, 네안데르탈인, 그리고 다시 인간으로 돌아오지요. 까치도 깍두기로 살짝 출연합니다. 각각의 편지는 그 편지를 받는 동물에 대한 이야기입니다. 예를 들어, 돼지가 고래에게 보내는 편지에는 고래 계통의 기원, 종류, 뼈의 생김새에 대한 이야기, 포유류로서 어떻게 바닷속에서 적응했는지, 어떻게 해서 육지 생활을 그만두고 바닷속이라는 새로운 환경으로 들어갔는지의 적응과 진화 역사는 물론, 현재 고래가 인간 때문에 당면하고 있는 생존의 위협까지 조곤조곤 쓰여 있습니다. 이 책을 읽으면서 우리는 여러 동물들에 대한 과학

『사라져 가는 것들의 안부를 묻다』 | 윤신영
MID(엠아이디) | 2014

적인 지식과 연결 고리에 대해 알게 됩니다. 돼지와 고래처럼 언뜻 관계가 그려지지 않는 동물들 사이에도 연결 고리가 있어요. 그리고 이미 사라져 간 동물들의 편지를 읽으면서 뭉클함도 느낄 수 있습니다. 인간은 언제부터인지 지구상에서 가장 무서운 포식자가 되었습니다. 많은 동물들을 사라져 가게 했고, 지금도 사라져 가게 하고 있습니다. 그리고 우리 역시 사라질 날이 오고 있고요. 사라짐, 그러니까 '멸종'이라는 가볍지 않은 주제를 가볍게 써 나갔지만 진지함을 놓치지는 않습니다. 그리고 지구 역사상 가장 힘이 세고 무서운 포식자의 자리를 차지하게 된 인간으로서, 사라져 가는 세상에 대해 책임감을 느끼고 어떤 일을 할 수 있을지 생각해 보게 됩니다.

소년소녀
과학탐구
5

어쩌다 천문학자

+

$v=Hd$

+

데이비드 보더니스, 『$E=mc^2$』

: 이강환 :

서울대학교 천문학과를 졸업하고 같은 대학원에서 박사 학위를 받은 뒤, 영국 켄트대학교에서 로열 소사이어티 펠로우로 연구를 수행했다. 국립과천과학관에서 천문 분야와 관련된 시설 운영과 프로그램 개발을 수행했고, 지금은 서대문자연사박물관 관장으로 여러 사람들에게 과학을 알리는 일을 하고 있다. 익명으로 과학 팟캐스트에 출연하고 있다는 소문이 있으며, 저서 『우주의 끝을 찾아서』로 제55회 한국출판문화상을 수상한 것을 가장 큰 자랑거리로 생각하고 있다.

어쩌다 천문학자

아버지는 언제나 책을 읽으셨다. 어른들은 다 그런 줄 알았다. 초등학교까지 한 시간을 걸어서 다녀야 하는 시골에서, 흔한 모습이 아니었다는 사실은 나중에서야 알았다. 책을 읽어야 어른이 되는 줄 알고 나도 열심히 책을 읽었다. 아버지가 즐겨 읽으시던 책은 역사책이었다. 특히 한국사와 중국사에 대한 책이 많았다. 학교 서무실에서 근무하는 평범한 공무원에게 특별히 필요한 분야는 아니었을 것이다. 실용적인 목적 없이도 관심 있는 분야의 책을 즐길 수 있다는 것을 아버지를 통해 배웠다.

아버지를 따라 역사책을 많이 읽다 보니 자연스럽게 나도 역사를 좋아하게 되었고, 나의 꿈은 역사학자가 되었다. 아버지의 책을 함께 읽었던 누나는 실제로 나중에 역사학과로 진학했다. 과학자로 꿈이 바뀌게 된 것은 역사에 흥미를 잃어서는 아니었다. 천문학을 전공하고 있고, 어렸을 때 시골에서 살았다고 하면 많은 사람들이 어릴 적 밤하늘의 별을 바라보던 경험 때문에 천문학자가 된 줄로 생각한다. 그러나 내게 별을 바라보던 기억은 별로 남아 있지 않다. 장래 희망이 과학자가 된 이유는 당시 내 또래 초등학생 대부분의 장래 희망이 과학자였기 때문이었다.

그래도 학교에서 배우는 수학과 과학은 꽤 재미있었다. 새로운 내용을 배운 후에 주위를 살펴보며 배운 내용을 확인해 보기

도 했다. 매일 보면서도 몰랐던 것을 새로운 눈으로 볼 수 있다는 것은 무척 흥미로운 일이었다. 여름과 겨울이 지구와 태양 사이의 거리 차이 때문에 생기는 것이 아니라는 사실을 알고 깜짝 놀랐던 기억이 있다. 기울어진 지구의 자전축 때문에 햇빛을 받는 각도가 달라지기 때문이었다. 삼각법을 이용하여 거리와 건물의 높이를 재는 것도 신기했다. 이상한 기구를 가지고 들판을 돌아다니는 아저씨들이 뭘 하고 있는 것인지도 알게 되었다. 삼각법을 이용하여 도로 건설을 위한 측량을 하는 것이었다. 그렇다고 늘상 열심히 주위를 관찰하고 다녔던 것은 아니다. 내가 관찰이나 공부보다 더 좋아한 것은 축구와 야구였다.

과학자의 꿈을 키우기 위해 특별히 노력한 것은 그다지 없다. 평범하게 공부하고 시험 보고 놀면서 지냈다. 고등학교 때 문과와 이과 선택을 위한 적성 검사에서는 양쪽이 거의 똑같은 점수가 나왔다. 역사학에 대한 미련 때문에 잠깐 망설이긴 했지만 큰 고민 없이 이과를 선택했다. 남학생의 약 70%가 이과를 선택하던 시절이었다.

과학 중에서는 물리와 지구과학을 좋아하긴 했지만 대부분의 이과 남학생들이 그렇듯 대학은 막연히 공대로 가야 하지 않을까 생각하고 있었다. 그런데 대학 진학 학과를 선택해야 할 바로 그

시기에 우연히 두 권의 책을 만나게 되었다. 콜린 윌슨의 『우주의 역사』 그리고 스티븐 호킹의 『시간의 역사』였다. 두 책의 제목에 모두 '역사'가 들어간 것은 우연만은 아니었을 것이다.

『우주의 역사』는 실제로 역사책이었다. 우주의 비밀을 알아내기 위해 노력한 사람들의 역사였다. 우주를 연구한다는 것이 갑자기 근사해 보였다. 『시간의 역사』는 당시 과학책으로는 보기 드문 베스트셀러였다. 아마 지금도 많은 사람들의 책꽂이에 『시간의 역사』가 꽂혀 있을 것이다. 거의 펼쳐지지 않는 채로. 나 역시 당

시에 그 책의 내용을 제대로 이해할 수는 없었다. 그래도 우주에 대한 연구가 상당한 수준으로까지 진행되고 있다는 사실은 큰 충격이었다. '와, 이거 너무 멋지잖아!' 더 이상 고민할 필요가 없었다. 나의 진로는 천문학과로 결정되었다.

진로 선택에 대해서 부모님은 별다른 말씀을 하지 않으셨다. 천문학과에 입학해서 만난 사람들도 대개 비슷했다. 지금도 그렇겠지만 선생님이나 부모님의 적극적인 권유로 천문학과에 진학하는 경우는 거의 없었다. 천문학과에 진학하는 사람들은 대체로 자신의 길을 스스로 선택하는 사람들이었고, 그래서인지 사회 문제에 대해서도 관심이 많았다. 나 역시 그러했다.

1990년대 초반의 대학은 전공 공부를 열심히 하는 분위기는 아니었다. 스스로 천문학과를 선택했던 많은 사람들이 또 한 번 스스로의 선택으로 다른 분야로 빠져나가는 분위기 속에서 대학원 진학을 결정한 것은 천문학 공부를 한 번은 제대로 해 보고 싶다는 생각에서였다. 스스로 선택한 전공인데 아무것도 제대로 알지 못하고 그만두는 것은 너무 아쉽다는 생각이 들었다.

과학자가 되는 길은 쉽지는 않다. 많은 과목의 수업을 들어야 하고, 과제를 하고, 연구를 하고, 논문을 써야 한다. 박사 학위를 받았다고 끝나는 것도 아니다. 학자로서 자리를 잡기 위해서는 연구 업적이 필요한데, 그것은 주로 박사 후 연구원 시절에 이루어진다. 그때까지 자신의 진로가 어떻게 될지 알 수 없는 경우가 대부분이지만 천문학의 경우는 거의 대학 아니면 한국천문연구원으로 가게 된다.

나는 국립과천과학관을 거쳐 지금은 서대문자연사박물관에서 일하고 있다. 대학이나 천문연구원이 아닌 과학관이나 자연사박물관에서 일하게 되리라고 한 번이라도 예상했더라면 영국에서 연구원을 하는 동안에 런던 사이언스뮤지엄이나 영국 자연사박물관을 적어도 두 번씩은 방문했을 것이다.

과학관이나 자연사박물관에서 과학자가 하는 일은 보통의 과학자들이 하는 일과는 많이 다르다. 연구를 하고 논문을 쓰는 일보다는 일반인들에게 과학을 설명하고 그에 대한 글을 쓰는 일이 더 많다. 어렸을 때부터 역사를 비롯한 다양한 분야에 관심이 많았던 나에게는 오히려 이쪽이 더 잘 맞는 것 같다.

내가 근무했던 국립과천과학관에 있는 천체투영관은 세계 최고 수준의 시설이었는데, 원래 별과 영상을 보는 곳이지만 관람객의 몰입도를 최대한 높일 수 있는 곳이기 때문에 다른 용도로도 활용할 수 있는 가능성이 많았다. 그래서 다양한 돔 영상과 공연과 토크가 결합된 '천체투영관 과학토크콘서트'를 기획하였고, 이것은 과천과학관에서 가장 인기 있는 프로그램 중 하나가 되었다.

이 프로그램을 진행하면서 다양한 분야의 많은 사람들을 만나게 되었고, 그곳에서 시작된 인연이 팟캐스트 진행으로 이어졌다. 또 그것이 더 많은 사람들과의 만남과 더 다양한 활동으로 이어지게 되었다. 여러 분야에 관심이 많았던 나에게 이것은 정말 즐거운 일이었다. 내가 서대문자연사박물관으로 옮기게 된 것도 그 활동의 결과라고 할 수 있다.

결과적으로 천문학자가 되긴 했지만, 그 과정을 돌아보면 과학에 대한 대단한 열정이나 왕성한 호기심이 있었던 것은 아니다. 극적인 계기가 있었던 것도 아니다. 대단한 열정과 호기심을 가진 사람만이 과학자가 되는 것은 아니다. 모든 과학자가 극적인 스토리를 가지고 있을 필요도 없다. 과학자가 될 사람이 어릴 때부터 정해져 있는 것도 아니다. 타고난 천재만 과학자가 된다면 세상에 과학자가 몇 명이나 있겠는가.

미래의 진로에 대해서도 지나치게 걱정할 필요는 없다. 자신이 지금 하는 일이 미래에 어떻게 쓰일지는 누구도 예상할 수 없다. 천문학을 공부하는 동안에 나는 지금의 직업을 가지게 될 것이라고는 상상도 하지 못했다. 대학에 진학한 후 과학자가 되어 세상에 나오기까지는 10년에 가까운 시간이 필요하다. 하루가 다르게 변하는 세상에서 10년 후에 어떤 일들이 필요하게 될지 어떻게 예상할 수 있겠는가.

이 세상에는 뚜렷한 목표를 세우고 앞만 보며 한길로 뚜벅뚜벅 걸어가는 과학자도 필요하지만 나처럼 호기심 어린 눈으로 이 골목 저 골목을 거닐며 자신에게 찾아오는 기회를 마음을 열고 받아들이는 과학자도 필요하다고 생각한다. **'어쩌다 보니 과학자'라고 부를 수 있는 사람들이 늘어날수록 과학의 숲은 그만큼 더 다채롭고 풍성해지는 것이 아닐까?**

지난 10년 동안 과학 분야의 변화는 놀라울 정도이다. 무엇보다도 과학에 대한 사람들의 관심이 크게 늘었다. 곳곳에서 열리는 교양 강좌에 과학 분야가 포함되는 것은 흔한 일이 되었고, TV의 교양 프로그램에 과학자가 출연하는 것도 자주 볼 수 있다.

외부 환경의 변화도 놀랍지만 내게 더 놀라운 것은, 전혀 예상하지 못했던 길을 걸어오면서 나 자신에게 생긴 변화이다. 그것은 바로 천문학을 공부하는 것이 너무나 즐거워졌다는 사실이다. 천문학은 매우 융합적인 과학이라는 데 그 매력이 있다. 우주는 실험을 할 수도, 우리가 보고 싶은 것을 보기 위해서 어떤 조작을 가할 수도 없다. 우주가 우리에게 제공해 주는 유일한 단서인 빛을 관측하여 그 결과를 해석할 수 있을 뿐이다. 최첨단의 기기를 이용하여 최소한의 단서를 포착하고 최대한의 상상력과 논리를 이용하여 우주에서 일어나는 일을 설명하는 과정은 너무나 흥미진진하다. 나는 천문학자가 된 지 한참 후에야 천문학의 진정한 매력에 푹 빠지게 된 것이다.

우주가 제공해 주는 것은 최소한의 단서뿐이기 때문에 천문학에서는 그 최소한의 단서를 편견 없이 있는 그대로 받아들이는 자세가 특히 중요하다. 천문학에서 그런 사례는 아주 많다. 그중에서도 우주가 어떻게 팽창하고 있는지를 알아내기 위해서 그동안의 연구에 기반하여 많은 시행착오를 거친 끝에 우주가 가속 팽창하고 있다는 사실을 알아내어 2011년 노벨 물리학상을 수상한 사람들의 이야

기는 특히 내 마음을 사로잡았다.

나는 그 이야기를 『우주의 끝을 찾아서』라는 책으로 썼고, 다행히 독자들의 좋은 평가를 받았다. 지금까지 알고 있던 내용과 정반대의 결론이 나와도 선입견에 사로잡히지 않고 관측된 증거를 있는 그대로 받아들이는 자세는 과학에서 가장 중요한 자세이고, 우주 가속 팽창의 발견은 그런 자세의 좋은 사례로 소개할 수 있는 것이었다.

10년 전과 지금의 과학은 비교할 수 없을 정도로 속도가 빨라졌다. 하루가 다르게 새로운 연구 결과가 쏟아지고 있다. 물론 그 결과 중에는 잘못된 내용도 있을 것이다. 하지만 걱정할 필요는 없다. 과학은 잘못된 결과를 스스로 걸러 낼 수 있는 힘을 가지고 있다.

과학의 가장 큰 미덕은 확실하게 아는 것과 아직 알지 못하는 것을 명확하게 구별할 수 있다는 것이다. 과학적인 태도란 한마디로, 확실하게 안다고 생각하는 것조차도 얼마든지 새로운 증거에 의해 바뀔 수 있다는 사실을 인정하는 태도를 말한다. 모든 것을 다 아는 척하지 않는 것, 모르는 것은 자신 있게 모른다고 말할 수 있는 것으로부터 과학은 시작된다. 그렇기에 우리는 과학자들이 내놓는 연구 결과를 안심하고 받아들일 수가 있다. 그들도 새로운

증거가 나온다면 얼마든지 받아들일 자세가 되어 있는 사람들이라는 믿음이 있기 때문이다. 그것이 과학의 힘이고 내가 과학자의 길을 선택하기를 정말 잘했다고 생각하는 이유이기도 하다.

Science

나를 사로잡은 과학 공식

$$v=Hd$$

우주는 138억 년 전 빅뱅으로 탄생하여 지금까지 팽창을 계속하고 있다. 이것이 현대 과학이 제시하고 있는 우주의 탄생과 진화에 대한 가장 강력한 이론인 빅뱅 이론의 핵심이다. 빅뱅 이론은 우리 우주가 팽창하고 있다는 사실에서부터 나온 것이다. 우리 우주가 팽창하고 있다면 과거에는 우주가 더 작았을 것이고, 그보다 더 과거에는 우주가 한 점에 모여 있었을 것이다. 이 한 점에서 우주가 탄생했다는 것이 빅뱅 이론이다.

그런데 정말로 우리 우주는 팽창하고 있을까? 우주가 팽창하고 있다는 사실을 우리는 어떻게 알 수 있을까? 여기에 답을 주는 것이 바로 허블 법칙의 공식, $v=Hd$ 이다. 이 단순한 공식은 너무나 중요한 사실을 의미하고 있다. 여기서 v는 은하가 움직이는 속도, H는 비례상수, d는 은하까지의 거리이다. 이 공식에 따르면 은하가 움직이는 속도는 은하까지의 거리에 비례한다. 간단하게 말하면 멀리 있는 은하가 움직이는 속도가 더 빠르다는 말이다.

여기에서 중요한 것은 은하가 움직이는 방향은 모두 우리에게서 멀어지는 방향이라는 사실이다. 결국 멀리 있는 은하가 더 빠른 속도로 우리에게서 멀어지고 있다는 말이고, 이것은 우주가 공간적으로 팽창한다고밖에 해석할 수 없는 현상이다.

우주가 팽창하고 있다는 관측 사실을 처음으로 발표한 사람은 허블 우주 망원경 이름의 주인공인 에드윈 허블이다. 허블이 한 일은 어떻게 보면 아주 간단하다. 은하들이 움직이는 속도와 거리를 측정한 다음 그것을 그래프로 그려 본 것이다. 아래 그림이 바로 허블이 1929년 발표한 논문의 그래프이다.

가로축은 은하들까지의 거리, 세로축은 은하들이 움직이는 속도이며, 그래프에서 비스듬한 직선과 점선은 점들의 기울기로 바로 허블상수가 된다. 이것을 공식으로 표현하면 , 허블 법칙의 공식이 된다.

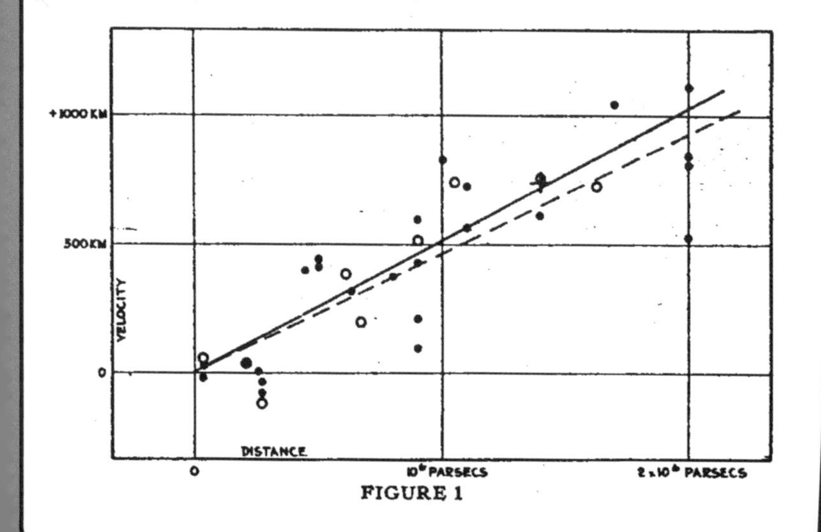

FIGURE 1

Science

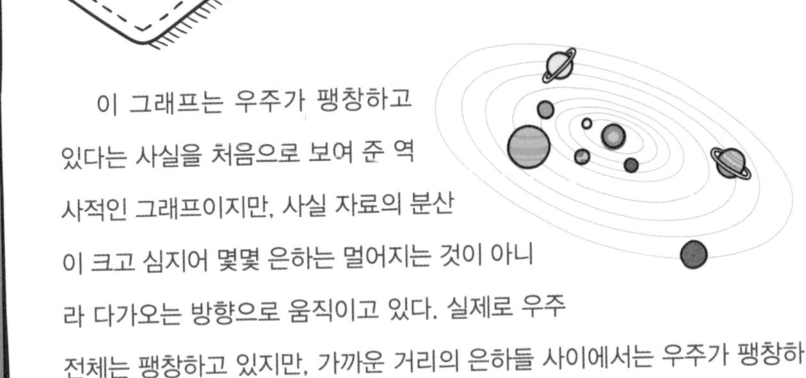

이 그래프는 우주가 팽창하고 있다는 사실을 처음으로 보여 준 역사적인 그래프이지만, 사실 자료의 분산이 크고 심지어 몇몇 은하는 멀어지는 것이 아니라 다가오는 방향으로 움직이고 있다. 실제로 우주 전체는 팽창하고 있지만, 가까운 거리의 은하들 사이에서는 우주가 팽창하는 힘보다 서로 간의 중력이 더 강하기 때문에 가까워지는 경우가 많다. 안드로메다은하와 우리 은하는 점점 가까워지고 있으며 약 50억 년 후에는 서로 충돌하게 된다.

비스듬한 선이 두 개로 그려져 있는 이유는 어느 선이 더 잘 맞는지 확신하지 못했기 때문이다. 그리고 속도의 단위를 km/s가 아닌 km로 표시한 실수도 있다. 허블 자신도 이 자료에 만족하지 못하고 관측을 계속하여 2년 후에는 훨씬 더 정확하고 많은 자료로 우주가 팽창하고 있다는 사실을 분명히 보여 주었다.

허블은 이 그래프를 설명하는 공식을 발표하면서 비례상수를 K로 표시했지만, 지금은 허블의 이름 첫 글자를 따서 H라고 표시하며 허블상수라고 부르고 있다. 그런데 허블상수는 단순히 공식에서의 비례상수가 아니라 놀라운 의미를 포함하고 있다. 허블상수의 역수는 시간이 되는데, 이 시간은 우주가 팽창을 시작한 후 지금까지의 시간, 즉 우주의 나이가 된다.

Science

그러므로 허블 법칙의 공식에서 허블상수를 구하는 것은 결국 우주의 나이를 구하는 것이 된다. 사실 우주의 팽창 속도는 일정하지 않았기 때문에 허블상수의 역수가 바로 우주의 나이가 되는 것은 아니지만 그 오차는 그렇게 크지 않다.

허블 법칙의 공식이 나온 이후 이 공식의 비례상수인 허블상수를 구하는 일은 천문학에서 가장 중요한 과제 중 하나가 되었다. 많은 노력과 논쟁을 거쳐 지금은 비교적 정확한 허블상수의 값이 구해졌고, 그에 따라 우주의 나이도 상당히 정확하게 알게 되었다.

허블 법칙의 공식 $v=Hd$는 그 자체로는 우주가 팽창하고 있다는 사실을 의미하고, 비례상수인 허블상수는 우주의 나이를 알려 준다. 결국 허블 법칙의 공식은 우주의 탄생과 진화 과정을 한 몸에 안고 있는 가장 단순하면서도 가장 심오한 공식이라고 할 수 있다.

세상에서 가장 유명한 방정식의 일생

데이비드 보더니스, 『$E=mc^2$』

특수상대성이론의 가장 핵심적인 방정식인 $E=mc^2$은 아마도 세상에서 가장 유명한 방정식이 아닐까 싶다. 너무나 단순한 방정식이지만 여기에 담긴 의미는 그렇게 단순하지 않다. 이 책은 이 유명한 방정식에 담긴 단순하지 않은 여러 가지 이야기들을 다루고 있다.

하나의 과학 이론이 완성되기 위해서는 무수히 많은 사람들의 노력과 지식이 축적되어야 한다. 이 책은 $E=mc^2$이라는 하나의 방정식이 태어나고 성장하여 어른이 되어 가는 과정을 보여 주는 전기라고 할 수 있다. 사람이 아니라 방정식의 전기라는 점이 특이하다. 우리는 이 방정식이 나오기까지 앞선 수많은 과학자들이 있었음을 알 수 있고, 이 방정식이 어떻게 완성되었으며 어떻게

『$E=mc^2$』 | 지은이 데이비드 보더니스
옮긴이 김희봉 | 웅진지식하우스 | 2014

세상을 바꾸었는지 이해할 수 있다.

이 방정식을 둘러싼 수많은 사건과 등장인물들에 대한 이야기가 마치 한 편의 드라마처럼 흘러가며 흥미와 긴장의 끈을 놓지 못하게 한다. 방정식의 과학적인 의미를 제대로 이해할 수 있게 되는 것은 덤일 뿐이다.

과학관에서 일하면서 '스토리텔링'이라는 말을 많이 접하게 되었는데, 이 말을 들을 때마다 나는 이 책을 떠올렸다. 이 책은 과학에서의 스토리텔링이 얼마나 재미있는지를 보여 주었고, 과학 이야기도 얼마든지 재미있게 할 수 있겠다는 자신감을 심어 주었다. 과학을 매개로 사람들과 소통할 수 있는 방법을 나는 이 책을 통해서 배웠다.

당신을 잠들지 못하게 하는 꿈이 있나요?

+

$S=k_B \log W$

+

마크 뷰캐넌, 『사회적 원자』

: 김범준 :

우리 사회를 과학적인 방법으로 살펴보는 연구에 관심이 많은 통계물리학자다. 성균관대학교에서 물리학을 가르치고 있다. 현재 한국복잡계학회 회장이며, 한국물리학회의 대중화 특별위원회에서도 일하고 있다. 저서 『세상물정의 물리학』으로 제56회 한국출판문화상(저술-교양 부문)을 수상했으며, <주간동아>, < 과학동아>, <크로스로드>, <머니위크>, <조선일보>, <문화일보> 등에 칼럼을 연재해 왔다.

당신을 잠들지 못하게 하는 꿈이 있나요?

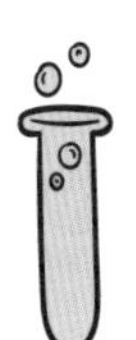

물리학의 세계는 저 광활한 우주에서부터 우리 눈에 보이지 않는 원자에 이르기까지 넓고도 깊다. 상상할 수 없을 만큼 크고 넓은 우주의 원리를 밝히기도 하고, 스마트폰에 들어 있는 반도체 소자의 원리를 찾아내기도 한다. 엄청나게 큰 우주 전체의 머나먼 미래를 생각해 볼 수도 있고, 원자 하나 정도의 크기에서 찰나의 순간에 벌어지는 현상을 연구하기도 한다. 물리학이라는 학문의 대상에서 벗어날 수 있는 자연현상은 거의 없어 보인다.

물론 이처럼 폭넓은 자연현상 모두를 한 사람의 물리학자가 연구하는 것은 아니다. 물리학은 다양한 세부 분야로 나뉜다. 나는 그중에서 통계물리학이라는 분야를 연구하는 물리학자다. 통계학이 많은 데이터로부터 의미 있는 결과를 끄집어 내는 일을 한다면, 통계물리학은 많은 입자가 모여 있는 물리 시스템이 전체로서 어떤 모습을 보여 주는지를 연구한다.

물리학과에 진학해 2학년 전공 실험 과목을 공부할 때의 일이다. 수업 시간에 이론으로만 배웠던 물리 현상을 실험을 통해 직접 눈앞에서 확인한다는 것은 정말 멋진 일이었다. 음극선관에서 튀어나온 전자빔을 자기장 안에서 원운동시키는 '톰슨의 실험'은 잊을 수가 없다. 오랜 세월이 지난 지금도, 어둡게 불을 꺼 놓은 실험실의 유리관 안에서 푸르스름하게 빛나던 전자빔이 또렷이 기억난다. 그것은 이 세상의 빛이 아닌 것처럼 무척이나 아름다웠다. 그리고 그 실험에서 전자의 질량과 전하의 비율을 구해 보니 교과서에 수록되어 있는 값과 놀라울 정도로 가까웠던 것도 내게 큰 감동을 주었다. 눈에 보이지 않는 전자를 실험을 통해 볼 수 있고, 그 특성을 정량적으로 잴 수 있다는 것은 근사한 일이었다.

기억나는 다른 실험도 있다. 고등학교 물리 교과서에도 나오는 '밀리컨의 기름방울 실험'이다. 전기장의 크기를 조정해 중력과 전기장을 비기게 만들면 기름방울은 같은 속도로 움직인다. 이를 통해 기름방울이 가진 전하량이 전자가 가진 전하량의 정수배만 가능하다는 것을 확인해 보는 실험이다. 그런데 현미경의 시야

에 들어온 그 수많은 기름방울 중 같은 속도로 움직이는 기름방울 하나를 찾아서 눈으로 본다는 것은 너무나 어려웠다. 내가 속한 실험 조는 결국 실험을 포기했다. 당시 우리의 결론은 '기름방울의 전하는 전자 전하량의 정수배다.'가 아니라, '밀리컨은 눈이 아주 좋았다.'였다.

밀리컨의 기름방울 실험만 실패한 것은 아니다. 내가 실험에 재능이 없다는 것은 머지않아 명확해졌다. 실험 결과를 잘 얻지 못했을 뿐 아니라 왜 실험이 실패했는지도, 어떻게 하면 문제를 해결할 수 있는지도 도저히 감을 잡을 수 없을 때가 많았다. 실험을 통해 과학의 아름다움을 느낄 줄 아는 감수성은 지니고 있었지만, 정확하게 계량하고 치밀하게 결과를 찾아내는 일에는 영 소질이 없었던 것이다.

실험에 재능이 없는 것은 그렇다 치더라도, 순수한 수학적인 사고를 하는 데도 큰 어려움을 겪었다. 많은 친구들이 공부하기에 '친구 따라 강남 간다'는 기분으로 나도 수학과의 몇 과목을 수강한 적이 있다. 해석학이라는 과목의 시험에서 증명 문제를 완벽하게 풀었다고 생각했는데 막상 채점된 답안지를 보니 내가 적은 증명의 매 단계마다 계속 감점의 연속이었다.

실험도 잘 못하고, 이론 물리학의 가장 중요한 도구인 수학적인 사고에도 능하지 않음을 깨닫고는 어깨가 축 처져 있던 내게

'어쩌면 물리학을 계속 공부할 수 있을지도 모르겠다'는 자신감을 준 과목이 있었으니, 바로 양자역학이었다. 막 접한 양자역학의 새로운 세상은 너무 신기해서 양자역학을 익히는 지름길인 '닥치고 계산'(양자역학의 의미와 해석에 대한 깊은 고민은 일단 뒤로 미루고 양자역학의 계산적인 측면을 먼저 이해하는 것이 좋다는 뜻)을 하는 것도 재밌기만 했다. 고학년이 되어서 배운 통계역학도 좋아했다. 그리하여 대학원에 진학해서는 통계물리학을 전공으로 택했고, 지금까지도 재미있게 연구를 계속하고 있다. 과학에 감동할 줄 알고, 과학적 원리를 찾는 일을 좋아했기에 결국에 내게 맞는 연구 분야를 찾을 수 있었던 것이 아닐까 싶다.

통계물리학의 중심 주제 중 하나는 '상전이'라는 현상이다. 상전이란, 온도·압력·자기장 등 물리적 조건의 변화에 따라 물리적 성질 가운데 일부가 급격하게 변하는 현상을 말한다. 얼음이 녹아 물이 되고 물이 끓어 수증기가 되는 것을 생각하면 이해하기 쉽다. 상전이가 일어나는 온도에서 열역학적인 양들은 특이성(singularity)이라는 특징을 보여 준다. 어떤 물리적인 양들이 무한대로 발산하는 현상이 상전이가 생길 때 함께 벌어진다는 의미다.

물이 끓고 있을 때는 불을 때서 열에너지를 공급해도 물의 온도는 변하지 않는다. 질량 1g의 물질의 온도를 1도 올리는 데 필요

한 열에너지가 바로 비열의 정의니 끓고 있는 물의 비열은 무한대가 된다. 끓는 물의 비열처럼 통계물리학에서는 무한대로 발산하는 양들이 상전이점에서는 흔히 관찰된다.

통계물리학을 공부하다 보면 이런 무한대가 여기저기에 많이 나온다. 끓는 물의 비열 같은 양이 상전이가 일어날 때 무한대로 발산하는 현상은 입자의 수가 무한대일 때만 벌어지는 일이다. 입자가 아무리 많더라도 그 개수가 유한하면 비열과 같은 양이 무한대로 발산하는 특이성을 보여 주지 못한다는 뜻이다. 컴퓨터를 이용해 비열 계산을 한다고 해 보자. 유한한 저장 공간과 유한한 계산 속도를 가진 컴퓨터로는 당연히 무한개의 입자로 구성되어 있는 시스템에 대한 계산을 직접 할 수 없다. 이럴 때는 입자의 개수를 100개, 1,000개, 1만 개의 식으로 늘려가면서 입자의 개수가 무한대로 발산할 때 도대체 어떤 현상을 보이는지를 체계적으로 살펴보는 이론적인 방법을 사용하게 된다. 유한을 모아 무한대를 엿본다고 할 수 있는 방법이다.

돌이켜 보면 고등학교 때 처음 수학에서 극한과 무한에 대해서 배울 때부터, '무한'이라는 개념은 나를 늘 매혹시켰다. '무한'은 고등학생 때 감명 깊게 읽었던 빅토르 위고의 장편 소설 『레미제라블』에도 여러 번 등장해 사춘기 소년이었던 나의 정신적인 성장에 소중한 자양분이 되었던 말이다. "그는 대양과 하늘이라는 두 무한에 동시에 뒤덮여 버림을 느낀다.", "광신을 분쇄하고 무한을 숭배하는 것 그것이 법칙이다.", "그대의 책을 엎어 놓고 무한 속에 있으라." 이런 말들을 읽으며 나는 얼마나 가슴이 뛰었던가?

'무한'을 다루는 물리학인 통계물리학에 매혹된 것도 어쩌면 고등학생 때 '무한'에 매혹되었던 경험에서 비롯된 것일지도 모를 일이다.

통계물리학이란, 서로 상호작용하고 있는 많은 입자들이 보여 주는 거시적인 특성에 대한 연구라고 할 수 있다. 이 문장에서

'입자'를 '사람'으로 바꾸어 읽어 보면 통계물리학의 방법이 우리가 살아가는 사회의 특성을 연구하는 데에 적용될 여지가 있다는 것을 알 수 있다. 통계물리학의 방법과 관점으로 사람들의 모임인 사회에서 벌어지는 현상을 연구할 수도 있다는 뜻이다. 최근 들어서는 나뿐만 아니라 많은 통계물리학자들이 이런 방향의 연구를 하고 있어서 '사회물리학'이라는 용어도 드물지 않게 접할 수 있다. 구성 요소가 무엇이든지 간에 서로 강하게 상호작용하고 있는 요소들로 이루어진 시스템을 '복잡계'라고 부른다.

우리가 살아가는 사회를 사회복잡계라는 측면에서 통계물리학의 방식으로 살펴보는 연구는 이제는 거스를 수 없는 중요한 분야가 되었다. 2000년 즈음 큰 관심을 끌기 시작한 복잡계 연구가 있다. 바로 '복잡한 연결망(복잡계 네트워크, complex network)'이라고 불리는 분야다. 이 분야에서는 복잡계에 대해 연구할 때 전체를 구성하는 수많은 요소들 사이의 연결 구조에 먼저 주목한다. 예를 들어, 많은 사람이 서로 영향을 주고받으며 만들어 내는 사회복잡계의 특성을 연구할 때 사람들 하나하나의 구체적인 속성에 대한 분석은 일단 뒤로 미루고 사람들이 맺는 연결의 전체 구조에 주목하자는 것이다.

연결망이라는 이런 분석의 틀을 적용해서 거둔 연구 성과는 정말 눈부시다. 예를 들어, 현재 한국과학기술원(KAIST)의 물리학과에서 연구하고 있는 정하웅 교수가 주도한 한 논문에서는 생명체의 대사 과정에 참여하는 단백질의 연결망을 만들고 연결망의 구조를 분석해서 어떤 단백질이 가장 많은 연결 관계를 맺고 있는지를 살펴보았다. 연결의 구조적인 측면에서 중요한 단백질이 실제로 생명체의 대사 과정에서 없어서는 안 되는 단백질이라는 것을 생물학 분야의 공동 연구자와 함께 밝힌 연구다. 정 교수의 연구는 내게 강한 인상을 주었다. 생물학에 대한 지식이 깊지 않은 물리학자라도 생명현상의 이해에 큰 도움을 줄 수 있다는 점 때문이다. 같은 현상이라도 다른 분야 과학자의 눈으로 보면 전혀 새로운 관점으로 해석될 수가 있다.

앞으로의 과학 발전에서도 이러한 융합적인 성격의 연구가 점점 늘어날 것이라고 확신한다. 이런 융합 연구에서 가장 중요한 것은 자신이 속한 연구 분야에서 **해결하고 싶은 문제를 과감히 공개하고, 익숙하지는 않지만 새로운 접근 방식을 열린 마음으로 받아들이는 것**이 아닐까.

복잡한 연결망의 연구 분야에서 내게 강한 인상을 준 다른 이론적인 연구도 있었다. 사람들이 만드는 사회연결망의 구조를 잘 분석해서, 전염병의 전파를 막는 백신을 어떻게 배포하는 것이 가장 효율적인 방법인지를 제안한 연구였다. 백신을 처음 받은 사람에게, 본인과 연결되어 있는 사람에게 백신을 딱 한 단계만 전달

하라고 해도, 정말로 필요한 사람에게 빠른 시간에 백신이 전달될 수 있음을 증명한 연구이다. 단순한 아이디어로 출발한 연구지만 세상에 도움을 줄 수 있는 아주 좋은 연구라고 생각했다.

내가 했던 연구 중에도 사람들이 재미있게 생각한 것들이 있었다. 각 야구팀이 프로야구 정규 시즌 중 이동하는 거리가 어떤 팀은 길고 어떤 팀은 짧고 뒤죽박죽이라는 것을 살펴본 다음, 그럼 어떻게 하면 이동 거리의 면에서 공평한 프로야구 경기 일정표를 만들 수 있을까를 연구한 적이 있다. 통계물리학 분야에서 자주 쓰이는 몬테-카를로 방법이라는 것을 이용해서 이동 거리의 편차를 줄일 수 있었고, 당시의 실제 일정표보다 이동 거리가 더 공평한 일정표를 만들어 본 적도 있었다.

아내와 이야기를 나누다 궁금해져서 과연 사

람의 성격과 혈액형이 관계가 있을까를 연구한 적도 있다. 사람들의 심리검사 결과와 혈액형 사이에 통계학적으로 유의미한 상관관계가 있는지를 살펴본 것이었다. 당연히 성격과 혈액형 사이에는 별 관계가 없다는 결론을 얻었다. 혈액형에 대한 이 연구 논문에서는 세계 여러 나라의 혈액형 분포의 자료를 이용해서 우리나라와 혈액형 분포의 면에서 가장 가까운 나라가 어디인지를 살펴보기도 했다. 그 결과 우리나라의 혈액형 분포는 일본보다 중국과 가깝다는 결론을 얻었다.

윷놀이를 할 때 윷가락 하나가 등을 보이는 확률이 어느 정도가 되어야 재밌는 윷놀이가 될지를 살펴보기도 했다. 또, 윷놀이판에 말을 놓을 때 상대편의 말을 잡는 것과 앞서가는 우리 편의 말에 업히는 것이 둘 다 가능한 상황에서, 잡는 것과 업는 것 중 어떤 전략이 더 승률이 높은지를 컴퓨터를 이용해 계산해 본 적도 있었다.

내가 진행한 이런 재미있는 연구들이 실제 어떻게 이용될 수 있는지는 잘 모르겠다. 하지만 나는 이런 것도 과학이라고 생각한다. 과학은 쓰기 위해서가 아니라 알기 위해서 하는 것이기 때문이다.

"현대의 이상은 예술 속에 그 전형이 있고, 과학 속에 그 방법이 있다. 사람들은 과학에 의해서 시인들의 그 장엄한 환상, 즉 사

회적인 아름다움을 실현할 것이다. … 꿈은 계산해야 한다."

『레미제라블』에 나오는 말이다. 이 말에 우리 청소년들이 왜 과학을 해야 하는지에 대한 답이 들어 있지 않을까? 사람들은 과학을 통해 꿈을 실현할 것이고, 우리들은 그 꿈을 계산해야 한다.

"꿈이란 잠잘 때 꾸는 것이 아니다. 당신을 잠들지 못하게 만드는 것이 꿈이다."

인도의 전 대통령인 압둘 칼람이 꿈에 대해 한 말도 나는 참 좋아한다. 과학의 구체적 내용이 중요한 것이 아니다. 과학으로 대표되는 합리적 이성은 현대를 살아가는, 미래를 꿈꾸는 우리 모두가 갖추어야 할 기본 소양이다. 여러분 중에 인류의 미래가 어떻게 될지 궁금해서 뒤척이며 잠들지 못하는 사람이 있다면 그가 바로 미래의 과학자이다.

Science

나를 사로잡은 과학 공식

$$S=k_B \log W$$

눈을 들어 밤하늘을 보자. 천상의 천체 움직임은 끊임없이 반복하는 것처럼 보인다. 모든 것이 결국 멈추고 마는 지상의 움직임과는 다르다. 확연히 달라 보이는 천상과 지상의 움직임을 하나의 이론 체계 안에서 설명한 것이 바로 뉴턴의 고전역학이다. 나무에서 아래로 떨어지는 사과를 보면서 뉴턴은 밤하늘의 달도 사과와 똑같은 법칙을 따라 지구의 중심으로 떨어지는 것이 아닐까 생각했고 결국 천상과 지상을 나누는 경계를 없애 버렸다. 천상과 지상으로 나눠 보듯이, 세상을 둘로 나누는 다른 방법도 있다. 바로 우리 눈에 직접 보이는 거시적인 세상과 너무 작아 보이지 않는 미시적인 세상이다. 거시적인 물리현상과 미시적인 물리현상을 하나의 이론 체계로, 통계적인 방법으로 설명할 수 있게 된 계기를 제공한 것이 바로 볼츠만의 엔트로피 공식이다. 눈에 보이는 큰 세상을 직접 볼 수 없는 작은 것들로부터 시작해 설명한 것이다.

열역학이라는 물리학의 한 분야가 있다. 열역학 제1법칙은 전체의 열역학적인 에너지가 보존된다는 것을, 제2법칙은 고립된 거시적인 시스템의 엔트로피는 항상 증가한다는 것을 말해 준다. 엔트로피의 변화를 어떻게 측정하는지는 볼츠만 이전에도 알려져 있었다. 열역학적인 과정 중에 들고 나는 열에너지 Q를 절대온도 T로 나누면 엔트로피의 변화량 $\Delta S=\frac{Q}{T}$가 된

Science

다. Q와 T는 거시적인 시스템에서 측정할 수 있는 양이므로 이 식에 등장하는 엔트로피도 거시적인 양이다. 볼츠만의 엔트로피 공식($S=k_B\log W$)의 등호 왼쪽의 S가 바로 이 거시적인 엔트로피다. 한편 공식의 오른쪽 W라고 적는 양은 미시적인 상태가 도대체 몇 개가 있는지 그 개수를 뜻한다. 볼츠만의 엔트로피 공식은 등호 왼쪽의 거시와 오른쪽의 미시를 연결한다.

거시와 미시 상태의 차이를 윷놀이로 설명할 수 있다. 윷가락 하나하나가 등을 보일지 배를 보일지는 미시 상태, 윷가락 네 개가 모여 만들어 내는 '도개걸윷모'는 거시 상태에 해당한다. 거시 상태인 '개'를 만들어 내는 미시 상태의 개수를 계산해 보자. A, B, C, D 네 개의 윷가락 중 어느 것이라도 두 개가 등을 보이면 거시 상태 '개'가 되니 등을 보이는 윷가락이 어떤 것인지에 따라 (A, B), (A, C), (A, D), (B, C), (B, D), (C, D) 모두 6개의 가능성이 있다. 즉, 거시 상태 '개'가 가진 미시 상태의 수는 $W=6$이 된다. 윷가락이 100개라면, 이 중 절반인 50개가 등을 보이는 거시 상태에 해당하는 미시 상태의 수를 마찬가지로 계산하면 약 $W=10^{29}$정도가 된다. 엄청난 숫자다. 한편, 100개 모두가 등을 보이는 거시 상태에는 딱 하나의 미시 상태만 대응하니 $W=1$이다.

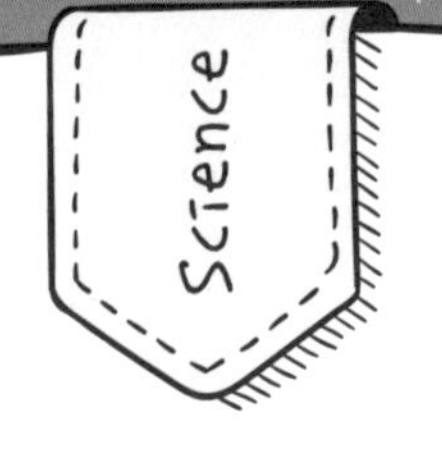

모두 등을 보이고 있는 100개의 윷가락들(W=1)을 커다란 상자 안에 넣고는 상자를 막 흔들어 안에 든 윷을 마구잡이로 움직인다고 해 보자. 상자 안에 든 미시적인 윷가락 하나만을 눈을 부릅뜨고 보고 있다면 시간이 흐르는 것을 알기 어렵다. 이 윷가락 하나의 움직임을 동영상으로 촬영해서 시간을 뒤집어서 보나 그냥 보나 별 차이가 있을 리가 없다. 즉, 미시적인 윷가락 하나의 움직임은 시간에 대해 가역적인 것처럼 보인다. 이번에는 100개의 윷가락 전체에 대한 거시적인 상태를 보자. 처음 100개 모두가 등을 보이는 거시 상태에서 출발했지만 시간이 지나다 보면 전체의 절반인 50개 정도의 윷가락이 등을 보이는 거시 상태를 관찰하게 될 가능성이 아주 크다. 이 경우에 해당하는 미시 상태의 개수(W=10^{29})가 워낙 크기 때문이다. 즉, 윷가락 100개의 거시 상태는 시간에 대해 비가역적인 것으로 보인다. 바로 이것이 볼츠만의 엔트로피 공식으로 살펴본 열역학 제2법칙의 의미다. 미시적인 세계에서의 시간 가역성이 우리가 매일 보는 거시적인 세계의 시간 비가역성과 서로 모순되지 않음을 명확히 보여 준다. 열역학적인 시간의 화살은 거시적인 세상에서 항상 미래를 향한다. 바로 볼츠만의 엔트로피가 증가하는 방향이다. 거시

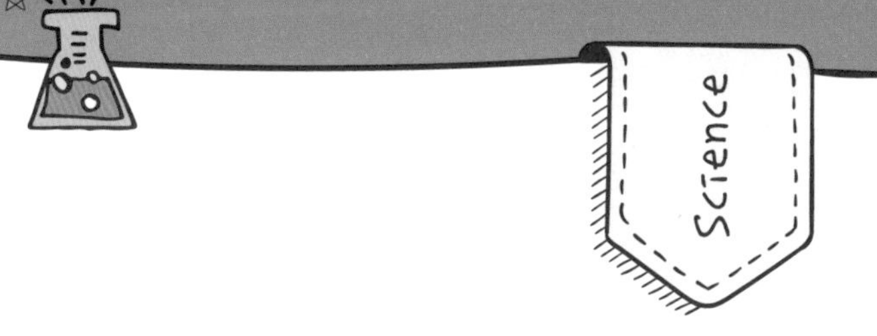

와 미시의 세상을 연결하는 볼츠만의 엔트로피 공식이 우리에게 알려 주는 결과다.

사람, 소통으로 배우고 적응하는 사회적 원자

마크 뷰캐넌, 『사회적 원자』

사람들에게 과학자들은 다 그냥저냥 비슷하게 보일지도 모르겠다. 하지만 생물학과 물리학처럼 분야가 다른 두 과학자 사이의 차이는 제법 크다. 사회과학을 연구하는 학자와 물리학자의 차이는 이보다도 훨씬 더 크다. 이 책의 제목 『사회적 원자』는 물리학자, 그중에서도 나와 같은 통계물리학자가 사회를 이루는 '사람'을 어떤 눈으로 보는지를 축약적으로 나타낸다. 사회를 구성하는 '사람'을 마치 물리학의 '원자'처럼 여기고 이야기를 풀어낸다.

우리 눈에 보이는 모든 것은 원자로 이루어져 있다는 것은 이제 모두의 상식이다. 같은 구성 원소로 이루어져 있다면 개별 원자 혹은 분자 하나하나의 본질적인 차이는 없다. 분자가 다른 분자와 어떤 관계를 맺고 있는지에 따라, 얼음이 되기도 물이 되기

『사회적 원자』 | 지은이 마크 뷰캐넌
옮긴이 김희봉 | 사이언스북스 | 2010

도 할 뿐이다. 이 책은 사회에서 벌어지는 현상도 이렇게 보자고 주장한다. 사람들의 개별적인 차이를 일단 무시하고 대신 사람들이 서로 주고받는 영향에 주목하는 방법을 택해 사회에서 벌어지는 여러 현상을 이해해 보자는 것이다. 차별이 별로 심하지 않은 사회에서도 인종에 따라 거주지가 자연스럽게 나뉠 수 있다는 것, 다를 것 하나 없는 사람들을 두 그룹으로 나눠 경쟁시키면 그룹 내의 협력 관계와 함께 상대 그룹에 대한 적대감도 함께 성장한다는 것 등 흥미로운 이야기가 많다. 사람은 원자다. 서로 관계를 맺어 소통을 통해 배우고 적응하는 사회적 원자다. 마크 뷰캐넌의 다른 책 『우발과 패턴』도 함께 권한다.

소년소녀
과학탐구
7

우주에서 날아온 초대장

+

$$\frac{\partial}{\partial t}(nf)+\vec{c}\cdot\frac{\partial}{\partial \vec{r}}(nf)+\vec{F}\cdot\frac{\partial}{\partial \vec{c}}(nf)=\int_{-\infty}^{\infty}\int_{0}^{4\pi} n^2(f^*f_1^*-ff_1)c_r\sigma d\Omega dc_1$$

+

로버트 저메키스 감독, 〈콘택트〉

: 전은지 :

항공우주공학자입니다. 연세대학교에서 천문우주학으로 학부와 석사를 마치고 미국 University of Michigan에서 항공우주공학으로 박사 학위를 받았습니다. 현재 독일 항공우주센터(DLR)에서 연구하고 있습니다. 이 길에 들어선 지 15년이 되어 가지만, 여전히 우주로 가는 탐사선들을 보면 가슴이 두근거리고 설렙니다. 세상에서 가장 흥분되는 직업을 가진 것을, 기쁘게 생각합니다.

우주에서 날아온 초대장

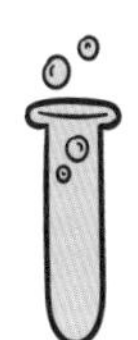

텔레비전에서 엄청난 굉음이 들렸습니다. 잠옷을 입고 모기장 안에서 뒹굴던 어느 여름날이었는데, 저는 깜짝 놀라 거실로 달려 나갔습니다. 텔레비전에서는 로켓이 지축을 박차고 올라가고 있었습니다. 아폴로 11호에 관한 다큐멘터리가 방영되고 있었어요. 방송에서는 이 로켓이 이제 지구를 벗어나 우주로 향한다고 말하고 있었습니다. 저렇게 거대한 것이 저렇게 큰 소리를 내면서, 아무도 가 본 적이 없는 곳, 우주로 간다고? 저는 넋을 잃을 만큼 그 장면에 완전히 사로잡혔어요. 그 순간 어른이 되면 로켓을 만드는 사람이 되겠다고 결심했습니다. 그때가 열 살이었는데, 그때부터 '장래 희망' 란에 '항공우주공학자'라고 또박또박 써넣기 시작했습니다. 그로부터 20년이 넘은 지금 저는 항공우주공학자로 살아가고 있습니다. 최근에 목성 궤도 진입에 성공한 목성탐사선 주노(Juno)의 슬로건은 'Into the Unknown'입니다. '미지의 세상으로'라고 번역할 수 있겠네요. 아마도 제가 열 살 때 받았던 충격과 감흥의 정체는 이것이 아니었나 합니다. **아무도 모르는 곳, 그곳에 간다는 것, 그것이 과학입니다.**

고개만 들면 우리는 하늘을 볼 수 있습니다. 그리고 하늘 저 멀리에는 우주라는 공간이 있습니다. 아직도 알지 못하는 곳, 그 미지의 공간은 언제나 우리의 마음을 사로잡습니다.

태양에서 가장 가까운 별인 알파 센타우리는 빛의 속도로 4.3년이면 갈 수 있습니다. 빛의 속도로 4.3년, 얼핏 들었을 땐 꽤 가까운 거리 같지만 부산대학교 물리교육과 김상욱 선생님은 다음과 같은 비유로 태양과 알파 센타우리의 거리를 말씀하신 적이 있어요. 지구가 부산역에 있는 모래 알갱이만 하다고 가정하면 태양은 오렌지 크기로 모래 알갱이에서 6미터 떨어져 있고, 태양에서 가장 가까운 별인 알파 센타우리 별은 부산역에서 일본 홋카이도 북쪽 끝만큼 떨어져 있다고요. 비행기보다 속도가 60배나 빠른 우주탐사선 보이저호가 10만 년이나 날아가야 닿을 수 있는 엄청난

거리지요.

우리에게서 가장 가까운 별도 이렇게 멀리 있습니다. 그리고 이 우주 공간에 이런 별은 셀 수 없이 많고, 우리의 별인 태양은 이런 수많은 별 중 하나일 뿐입니다. 저 넓고 광활한 곳에는 무엇이 있을까요? 이런 의문으로, 인류는 아주 오랫동안 우주로 나가는 꿈을 꾸었습니다. 그리고, 그것이 현실화된 것은 불과 100년도 되지 않습니다. 우리가 우주로 나가는 데 사용하는 수많은 기술은

그야말로 현대 과학의 총체라고 할 수 있습니다. 여러분이 우주탐사 미션 하면 바로 떠올릴 로켓, 인공위성, 우주탐사선 모두 현대 과학기술의 총집합인 것이죠. 예를 들어 볼까요? 우주로 나가기 위해서는 일단 로켓 기술이 필요합니다. 지구의 중력을 이겨 내기 위하여 수만 뉴턴의 힘을 내야 합니다. 그다음 우주로 쏘아 올릴 우주비행체의 구조 또한 중요합니다. 어떤 소재로 어떻게 만들어야 길고 혹독한 우주여행을 견뎌 낼 수 있을지가 중요한 관심사이지요. 또 그 우주비행체에 실을 탑재체, 즉 카메라나 탐사로봇 등의 기술도 필요합니다. 우주비행체가 지구 대기를 벗어나고, 항해를 계속하고, 목표점에 도달하는 동안 주변 유동을 연구하는 것 역시 필수적입니다. 이 유동이 자칫하면 우주비행체에 충격을 가해, 선체에 손상을 줄 수도 있기 때문입니다. 이외에도 제어 기술, 전자 기술, 소프트웨어 개발 등 셀 수 없이 많은 기술이 총망라된 것이 우주탐사 미션입니다.

박사 과정 때의 일입니다. 제 연구 과제는 화성탐사 시 화성 탐사선을 실은 우주선의 화성 대기 진입 단계에서 우주선 주변의 유동 환경을 해석하는 것이었습니다. 긴 호흡의 연구를 진행하면, 벽에 부딪혀 한 발도 나아가지 못할 때가 있습니다. 어느 여름, 연구는 6개월째 난항을 겪고 있었습니다. 잘못된 결과가 계속해서 나오고 있는데, 단서를 찾지 못하고 있었던 것이지요. 의심스러운

포인트들을 6개월 동안 반복해서 점검하고 있었는데도 단서는 잡히지 않았습니다. 연구는 진전이 없었고, 저는 좌절했습니다. 마음은 더더욱 급해졌으며, 잠도 제대로 못 자고 있었습니다.

어느 날 지도 교수님이 저를 부르시더군요. 연구 미팅인 줄 알고 바리바리 자료를 싸 가지고 교수님 방으로 갔는데, 교수님은 저를 앉혀 놓고 다른 이야기를 시작했습니다. 교수님의 박사 과정 때 이야기며, 박사 후 연수 때 이야기까지 해 주시던 교수님이 저에게 이렇게 말씀하시더군요.

"은지, 그렇게 연구에 매달려만 있는다고 결과가 나오는 게 아니야. 나가서 산책이라도 하며 생각을 해 보렴. 편안한 마음으로 사고의 과정들을 한번 되돌아봐."

저는 그날로 연구실에서 나와 캠퍼스를 하릴없이 걸어 다녔습니다. 멍하니 벤치에 앉아 있다가 지겨우면 다시 걷기를 반복하면서 며칠을 보냈습니다. 모니터 화면에서 멀리 떨어져서, 제 연구 과정들을 되돌아보는 시간을 가진 것이지요. 그리고 2주 뒤에 문제의 단서를 발견할 수 있었습니다. 대단한 발견을 한 게 아니라 그저 논리의 오류를 발견한 것뿐이지만, 제가 그때 얻었던 기쁨은 세상 그 무엇과도 바꿀 수 없는 것이었죠. 그리고 알게 되었습니다. '생각하는 힘'은 과학자에게는 뿌리와 같다는 것을요.

아주 사소한 것이라 할지라도, 자기 자신에게 하나의 질문으

로 다가왔을 때 답안 없이 혼자의 힘으로 생각해 논리를 전개할 수 있을 때라야 진정한 과학자로서의 첫걸음을 내딛게 되는 것입니다. 질문과 생각이 꼭 거창하고 대단할 필요는 없습니다. 뉴턴이 떨어지는 사과를 보며 했던 생각들은 과학사에 큰 획을 긋게 만드는 결과를 가져왔지만 시작 단계에서는 아무도 그럴 줄을 몰랐으니까요.

저는 현역 과학자로, 지금도 여전히 여러 가지 어려움에 봉착합니다. 몇 달 동안 시간과 노력을 쏟아부은 연구 결과가 한순간에 쓸모없는 것이라는 결론에 도달할 때도 있고, 물리적으로 맞지 않는 결과를 어떻게 수정해야 할지 몰라서 헤맬 때도 많습니다. 그때마다 저는 항상 괴로워합니다. 이렇게 여러분에게 글을 쓰는 지금도 폼을 재며 아는 척을 하고 있지만 실은 연구 앞에서 막막할 때가 한두 번이 아닙니다. 괴로움을 겪는 과정은 과학자들에게 필연적입니다. 우리는 천재라 불리는 수많은 과학자의 실패기를 알고 있습니다. 천재인 그들도 그러한데, 평범한 우리는 어떻겠어요.

저는 연구가 풀리지 않을 때마다 새벽에 홀로 앉아, 제가 좋아하는 것들을 생각합니다. 이 연구를 좋아했던 처음의 이유들을 말이죠. 유튜브로 로켓 발사 영상을 한참 동안 돌려 보기도 합니

다. 저 광활한 우주를 향한 인류의 노력의 역사를 되돌아봅니다. 로켓이 발사되는 장면은 여전히 제 가슴을 뜨겁게 만듭니다. 책상으로 다시 돌아가 앉을 용기를 줍니다.

저는 일생을 과학과 공학을 하는 사람으로 살았기에, 다른 삶에 대해 잘 알지 못합니다. 하지만 아마도 다른 일을 해도 마찬가지겠지요. 어떤 일에도 시련은 다가옵니다. 어떤 일도 마냥 즐거울 수만은 없습니다. 시련도 즐기라고 누군가가 말하던데, 저는 안 되더군요. 버티고 버티다 힘이 들 때면 그만두고 싶기도 했습니다.

하지만 끝내 도망가지 않았던 이유는 간단합니다. 이 일이 주는 괴로움보다, 이 일에 대한 애정이 더 컸기 때문입니다. 괴로워하면서도 사랑했기에 버틸 수 있었습니다. 시련은 지금도 현재 진행형입니다. 앞으로도 계속될 것입니다. 그리고 저는 여전히 그 시련을 즐기지 못할 테지요. 하지만 한 가지는 분명히 알고 있습니다. 이 일을 사랑하기에 도망가지 않고 어떻게든 그 시간을 버텨 나가리라는 것을요.

1957년, 인공위성 스푸트니크 1호를 우주로 쏘아 올리고 아폴로 계획으로 달에 첫발을 내디딘 후로 인류는 비약적인 우주개발을 이루어 냈습니다. 마젤란, 바이킹, 갈릴레오, 파이오니어, 화성으로 보낸 스피릿과 오퍼튜니티……. 이름만 들어도 가슴이 설

레는 우주탐사선들을 차례로 쏘아 올리고, 우주왕복선을 만들고, 우주정거장을 건설했습니다. 수많은 인공위성이 기상예보와 네비게이션 등 우리의 일상생활을 돕고 있는 건 말할 필요도 없겠지요. 이제 10년 안에 화성에 사람이 갈 것이고, 미국의 민간 우주기업 스페이스X(Space-X)는 재사용 로켓을 개발하여 발사 비용을 기존의 70%로 줄일 것이라고 자신합니다. 앞으로 우주개발은 소수의 국가와 사람에게 국한되지는 않을 거예요. 새로운 탐험을 통해 새로운 사실이 밝혀지고 새로운 연구 결과들이 쏟아져 나올 것입니다. 이에 발맞추어 우리나라도 2020년 달 탐사 계획을 발표했습니다. 우주개발의 변방에만 서 있던 우리에게도 기회가 주어질 것입니다.

미국의 대통령 케네디는 1962년 아폴로 계획을 발표하며 "우리는 달에 갈 것입니다. 그 이유는 그것이 쉽기 때문이 아니라 어렵기 때문입니다."라고 말했습니다. 지난 60여 년간 인류가 이루어 낸 이 우주개발은 시작에 불과합니다. 본격적인 심우주 탐사와 근우주 기지화는 이제부터 이루어질 것입니다. 달에 기지를 세우고, 그 기지를 중심으로 태양계 여러 행성을 탐험하는 날, 우주여행이 민간에게 개방되는 날이 머지않았습니다. 이 험난하지만 뜨거운 여정에, 여러분을 초대하고 싶습니다.

Science

나를 사로잡은 과학 공식

$$\frac{\partial}{\partial t}(nf)+\vec{c}\cdot\frac{\partial}{\partial \vec{r}}(nf)+\vec{F}\cdot\frac{\partial}{\partial \vec{c}}(nf)=\int_{-\infty}^{\infty}\int_{0}^{4\pi} n^2(f^*f_1^*-ff_1)c_r\sigma d\Omega dc_1$$

텅 빈 방을 생각해 봅시다. 누군가가 “그 방에 무엇이 있니?”라고 묻는다면, 여러분은 어떻게 대답할 건가요? “아무것도 없습니다.”라고 대답할 수 있을 것입니다. 이 방에는 사람도 물건도 아무것도 없으므로, 방에 아무것도 없다고 말할 수 있습니다. 과연 방은 텅 비어 있을까요? 아주 작은 것까지 볼 수 있는, 현미경보다 더 배율이 높은 렌즈를 통해 방을 살펴봅시다. 방이 공기로 가득 차 있는 걸 볼 수 있을 것입니다. 정확하게 말하면 혼합물인 공기의 구성 성분, 즉 질소, 산소, 아르곤과 기타 분자들로 가득 차 있는 것이겠지요. 같은 방을 묘사하는 데 관점이 다르면 이렇게 상반된 대답을 할 수 있습니다. 앞의 경우를 거시적(macroscopic) 관점이라 하고, 뒤의 경우를 미시적(microscopic) 관점이라고 합니다.

다시 예를 들어 보겠습니다. 얼음이 있습니다. 이 얼음을 달구어진 프라이팬에 올려 봅시다. 얼음이 녹아서 금세 물이 되겠지요? 이 물은 곧 증발하여 수증기 상태가 될 것입니다. 얼음은 달구어진 프라이팬 위에서 금방 사라집니다. “어, 얼음이 녹아서 사라졌다.”라고 말한다면 그것은 거시적인 관점에서 본 것입니다. 이 상황을 ‘얼음, 물, 수증기는 각각 어떤 분자나 원자로 이루어져 있을까?’라고 생각한다면 이것은 미시적 관점에서 본 것이 됩

니다. 자, 그렇다면 얼음, 물, 수증기는 모두 같은 것일까요? 이것을 구성하는 H_2O라는 분자는 변하지 않습니다. 다만 이 분자 사이의 거리는 변합니다. 분자 사이의 거리는 얼음(고체), 물(액체), 수증기(기체)의 순으로 멀어지는 것이죠. 분자 사이의 거리는 이렇게 놀라운 일을 만들어 냅니다.

거시적 관점과 미시적 관점은 자연계를 이해하는 데 각각 쓸모가 있습니다. 저는 유체역학을 연구하는 사람이니 액체와 기체 같은 유체를 가지고 한번 이야기해 볼까요? 여기 비행기가 한 대 있습니다. 똑같은 비행기를 한 대는 지구 표면 근처를 날게 하고, 한 대는 지구 밖 우주에서 날게 했습니다. 비행기의 저항은 어떻게 계산할까요? 이것은 실제로 꽤나 복잡한 계산입니다만, 결론만 간단히 이야기하면 우주 공간은 진공에 가까운, 물질이 거의 없는–전혀 없지는 않습니다. 아주 적을 뿐입니다.–상태이기 때문에, 미시적 관점을 사용해야 한다는 겁니다. 우주 공간을 채우고 있는 물질의 분자 하나하나를 각각 생각해서 계산해야 하는데, 이럴 때 사용되는 것이 위의 길고 복잡한 볼츠만 방정식입니다. 볼츠만 방정식은 1872년 루트비히 볼츠만에 의해 만들어졌습니다.

지금 여러분이 이 식을 이해할 필요는 없습니다. 다만 자연계를 보는 다양한 관점들이 존재하고, 그 관점에 맞게 기술하기 위한 여러 가지 수학적, 물리적 기술 방법이 있다는 정도만 알아 두어도 충분합니다.

우리 여기 있는데, 혹시 보입니까?

로버트 저메키스 감독, <콘택트>

1997년에 개봉한 영화 〈콘택트〉는 『코스모스』로 유명한 과학자 칼 세이건의 동명 소설을 영화화한 것입니다. 이야기 속 주인공 엘리는 천체물리학자입니다. 엘리는 어느 날 우주로부터 해석 가능한 메시지를 받게 됩니다. 그 속에는 우주여행이 가능한 워프게이트의 설계도가 숨겨져 있었고, 그 설계도로 워프게이트를 만들어 우주여행을 합니다. 지구로 귀환한 엘리는 18시간 동안 처음 메시지를 받았던 베가성을 여행했다고 주장하지요. 그러나 사람들은 그것을 증명할 어떤 과학적인 증거가 없다는 이유로, 엘리의 주장을 받아들이지 않습니다. 하지만 엘리가 가지고 갔던 비디오 카메라에 18시간 분량의 노이즈가 녹화되어 있었습니다.

영화는 외계 생명체의 존재 가능성에 대해서 이야기합니다.

〈콘택트〉 | 로버트 저메키스 감독
1997

이 영화는 극 중 엘리의 대사로 대표될 수 있습니다. "우주에 만약 우리만 있다면, 엄청난 공간의 낭비겠죠." 여러분은 외계 생명체의 존재를 믿나요? 아직 증명되지 않았기에, 이것을 믿거나 믿지 않을 수밖에 없지만 우리는 지금도 계속 생명체의 흔적을 찾아 헤매고 있습니다. 우리가 우주로 보내는 많은 것들은, 사실 '우리 여기 있는데, 혹시 보입니까?'라는 메시지입니다. 언젠가, 우리는 어딘가에서 우리를 찾고 있을 그들을 만날 수 있을지도 모르겠습니다. 과학자를 꿈꾸는, 우주를 꿈꾸는 여러분에게 이 영화를 권합니다.

소년소녀
과학탐구
8

뉴턴처럼 질문하기,
뉴턴처럼 과학하기

+

뉴턴의 명언

+

후쿠오카 신이치, 『생물과 무생물 사이』

: 남창훈 :

대학생들을 가르치고 있는 선생님이다. 어릴 때부터 암과 같은 불치병 치료제를 만들고자 하는 꿈을 꾸었다. 이 꿈을 이루기 위해 유럽 여러 나라를 돌며 연구를 하다가 과학의 재미를 뒤늦게 알게 되었고, 그 재미를 어린 딸과 나누고 싶어 『탐구한다는 것』이란 책을 썼다. 이렇게 책을 쓰다 보니 더 많은 후배들과 이야기를 나누고 싶어진 게 선생님이 된 동기이다.

뉴턴처럼 질문하기, 뉴턴처럼 과학하기

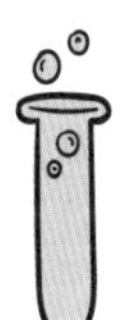

'과학하다'라는 말을 다른 단어로 바꾼다면 나는 주저하지 않고 '질문하다'라는 단어를 고를 것이다. 질문은 과학하는 일에, 탐구하는 일에 그 무엇보다도 앞서 자리한다. 과학에서 질문이 얼마나 중요한지 뉴턴의 이야기로 시작해 보자.

영국 케임브리지에서 차를 타고 한 시간 정도 북쪽으로 올라가다 보면 뉴턴의 고향인 울즈소프가 나온다. 인구가 수백 명 정도 되는 작은 시골 마을이다. 뉴턴의 생가 뒤편으론 드넓은 들판이 펼쳐져 있고, 들판 경계를 따라 난 산책 길 옆으로 맑은 개울이 흐른다. 개울을 거슬러 올라가면 뉴턴이 세례를 받았던 교회가 나오는데, 교회 성소 옆방의 벽에는 뉴턴이 아홉 살 때 돌 위에 새긴 해시계가 걸려 있다.

말수가 적고 늘 생각에 잠겨 있던 어린 뉴턴은 마을 들판에 쏟아지는 햇빛을 바라보며 질문을 떠올렸다. '날마다 달라지는 햇빛의 그림자를 통해 시간을 알아내는 방법이 없을까?' 뉴턴은 이런 질문을 마음에 품고 해시계를 만들어 매일매일 달라지는 그림자의 길이와 위치를 관측하기에 이른다. 그의 질문은 훗날 지구라는 행성의 운동이 어떻게 오전과 오후, 봄 여름 가을 겨울을 빚어내는지 알아 가는 단초를 제공했을 것이다.

뉴턴은 햇빛을 바라보며 다음과 같은 질문도 던졌다. '하얀색 빛은 사람들이 말하는 것처럼 가장 순수한 빛이 맞는 걸까?' 뉴턴이 어릴 적 맨눈으로 햇빛을 바라보다 3일간 앞을 못 보게 된 것은 이러한 질문이 그에게 무척이나 중요했음을 알려 준다. 당시 사람들은 빛과 어두움이 섞이는 정도에 따라 색깔이 만들어지며, 하얀빛은 어두움이 모두 사라진 가장 순수한 빛이라고 믿고 있었다. 그는 이러한 생각에 의문을 품고 열다섯 살 무렵부터 프리즘 실험을 거듭하다가 하얀빛이 하나의 색이 아니라 여러 색깔을 지닌 빛들의 혼합체라는 사실을 발견한다.

그에게 질문을 불러일으킨 것은 햇빛만이 아니었다. '바람의 힘' 역시 그에겐 중요한 질문거리였다. 열일곱 살 무렵에는 들판에

부는 바람의 힘으로 돌아가는 풍차를 만들었다. 어느 날은 들판에 휘몰아치는 폭풍의 세기를 재기 위해 한 번은 폭풍에 맞선 채 뛰어오르고, 또 한 번은 폭풍을 등진 채 뛰어올라 땅에 닿는 거리를 잰 뒤 바람의 세기가 그 거리의 차이 값에 비례한다는 결론을 이끌어 내기도 했다.

뉴턴을 과학 역사상 길이 남을 위인으로 만든 질문 역시 그의 고향 마을에서 그에게 다가왔다. 스무 살 무렵 뉴턴은 케임브리지에 있는 트리니티 컬리지에 입학했다. 그로부터 3년 뒤 영국을 휩쓸던 전염병 페스트 때문에 학교가 문을 닫아 다시 고향 집에 돌아가 지내게 된다. 고향 집 2층 창문을 통해 밖을 보면 여러 그루의 사과나무가 보였다. 그중 가장 덩치가 큰 사과나무 하나가 그들 가운데 우뚝 서 있었다.

여름에서 가을로 넘어갈 무렵, 채 익지 못한 사과가 나무에서 떨어지기 시작했다. 밤하늘 둥근 달을 배경으로 떨어지는 사과를

쳐다보며 뉴턴은 '왜 사과는 땅에 떨어지는데 달은 그대로 하늘에 있을까?'라는 질문을 하게 된다. 이 질문에 대한 오랜 사색 끝에 지구 주위를 돌고 있는 달이 원심력으로 멀리 달아나지 못하는 까닭은 바로 사과를 떨어뜨리는 지구의 힘이 달을 잡아당기기 때문이라는 답을 얻게 되었다. 뉴턴 이전의 사람들은 지상계에는 지구 중심을 향한 낙하운동이 존재하고, 천상계에는 별들의 회전운동이 존재한다는 생각을 가지고 있었다. 하지만 뉴턴은 새로운 질문을 통해 만유인력이 지구뿐 아니라 온 우주에 작용하는 보편적인 힘이라는 생각을 이끌어 내게 된다.

나 역시, 뉴턴과 같은 위대한 발견에 이르는 질문에는 못 미칠지라도, 나만의 질문을 통해 과학한다는 것의 의미를 크게 깨달았던 경험이 있다.

뉴턴의 주 무대였던 케임브리지에서 6년에 걸쳐 항암제를 개발하기 위한 실험을 한 적이 있다. 연구소는 아덴브룩스라는 케임브리지 지역 거점 병원 옆에 붙어 있었다. 연구소에서 나는 밤낮없이 쉬지 않고 실험을 했다. 어느 날 저녁 집에서 식사를 하고 연구소로 돌아오던 길에 뒤에서 자꾸 무언가가 손짓하는 느낌이 들어 돌아보니, 빨간 노을에 물든 아름다운 구름이 하늘에 걸려 있었다. 홀린 듯 붉게 물든 구름을 쳐다보다가 커다란 물음 하나가 뇌리를 비집고 들어오고 있음을 깨달았다.

'저 구름에 맺혀 있는 물방울은 어느 순간 땅에 떨어져 내 몸의 일부가 되고, 또 얼마 지나지 않아 북극의 빙하에 내려앉았다가 또 언젠가는 머나 먼 고향의 개울 위를 흐를 날이 오겠지. 그렇다면 나라는 존재는 과연 무엇인가? 내 몸과 외부를 나누는 경계라는 것이 존재하는 것일까? 모든 인간은 자연 속에서 쉼 없이 순환하면서 서로가 하나로 연결된 존재가 아닌가?'

이 질문은 과학자가 되고자 오랜 시간을 공부하고 연구하면서 익히고 배운 바 있던 모든 지식과 개념을 한순간에 전혀 다른 모습으로 뒤바꿔 놓고 있었다. 그제야 나는 '과학한다'는 것의 의미가 무엇인지에 대해 어설프게나마 알 것 같다는 생각이 들었다.

과학은 내가 어떻게 자연 속에 있으며, 자연과 어떻게 관계를 맺고 연결되어 있는지 귀띔해 준다. 내 몸을 이루는 수십조 개의 세포는 짧고 긴 수명에 따라 파괴되고 또 새로 만들어지며, 그 안을 채우고 있는 수만 개의 단백질들 역시 필요할 때 생성되었다가 제 몫을 다하고는 끊임없이 아주 작은 분자들로 분해된다. 그 분자를 이루는 원자들은 한때 인체의 외부에 있었던 것들이다. 따스한 햇살과 대기 속 이산화탄소와 흙 속을 흐르는 물은 한데 모여 광합성이라는 반응을 통해 식물의 몸체가 된다. 인간은 그러한 식물과 그 식물을 먹고 자란 동물을 먹고 그들 속에 있던 원자와 분자들을 통해 자신의 몸을 성장시키고 유지해 간다. 온 지구상의 생명체와 그 생명체를 둘러싼 공기, 물, 흙들은 이렇게 서로 연결되어 있다. 그 가운데에 인간이 있다.

나는 수많은 이들을 죽음에 이르게 하는 백혈병을 '적'으로 여겨 이를 물리치기 위해 연구하고 있었다. 나에게 과학은 비장의 무기와도 같았고, 이 무기를 가지고 자연의 부조리에 맞서 싸우는 것이 바로 내가 하는 실험이었다. 그런데 그날 저녁 내 뇌리를 파고든 질문은 그동안 내가 알고 있다고 생각했던 과학의 의미를 송두리째 바꿔 놓았다. 과학은 자연 속에 존재하는 인간의 의미와 비밀을 밝히고, 자연과 맺는 긴밀한 관계의 중요함을 일깨워 준다.

과학은 우리가 이 세상에서 자연과 한데 어울려 살아가는 데 필요한 지혜라고 할 수 있다. 내가 연구하고 있던 질환 역시 자연의 부조리함으로부터 발생하는 것이 아니다. 인간을 포함한 자연은 다양한 변화와 반응을 쉼 없이 반복하며 그 모습을 유지해 간다. 인간이 마주한 어려움은 자연의 일부로서 조화롭게 조정하고 다스리는 가운데 해결 방법을 찾을 수 있다. 병을 치료할 묘책을 찾는 것조차 자연을 극복하고 정복한다는 관점에서 출발하는 것이 아니라, 자연과 어떻게 조화롭게 어울릴 것인지를 생각하는 데서 출발해야 한다는 사실을 그날의 저녁 하늘을 보며 깨달았다.

뉴턴과 나의 이야기를 통해 나는 과학의 가장 중요한 비밀 하나를 여러분에게 이야기했다. 대부분의 사람들과 마찬가지로 나 역시 뉴턴이 몇 세기에 한 명 나올까 말까 한 천재였기 때문에 그토록 위대한 발견을 했다고 여겼었다. 그런데 그의 생가 주변을 오래 거닐며 위대한 발견의 배경에는 그가 천재였다는 사실보다 어쩌면 더 중요한 사실이 놓여 있을 것이라는 생각이 들었다. 그것은 그가 늘 자연 속에 깊이 잠겨 살았으며, 자연이 던지는 궁금증과 신비로움에 완전히 매료되어 있었다는 사실이다. 그에게는 자연을 벗 삼아 늘 질문하는 습관이 아주 어릴 때부터 몸에 배어 있었다. 20년을 넘게 실험해 온 내게 어느 날 문득 다가온 질문 역시 저녁 하늘로부터 나왔고, 나를 자연 속으로 이끌어 주었다.

과학은 자연을 향해 끊임없이 말을 걸고자 하는 사람들의 시도라고 할 수 있다. 그 끝없는 시도 끝에 어느 날 자연이 들려주는 이야기를 알아채게 된 것을 우리는 '과학적 발견'이라 부른다. 과학은 자연에게 말을 걸고 그 대답을 듣는 과정에 다름 아니다. 따라서 자연이 사라진 곳에 과학이 존재할 수는 없다. 인간의 편리를 위해 자연을 지배하는 법을 배우기보다 자연 속에서 현명하게 살아가는 법을 깨닫는 것이 더 소중한 까닭이 여기에 있다.

과학하라! 뉴턴이 그랬던 것처럼 자연의 품에 안겨 그 비밀을 물어보고 쉼 없이 대화하라.

자유롭고 무궁무진한 질문이 여기저기서 샘솟기를!

소년소녀, 과학하라!

Science

"나는 내 앞에 펼쳐진 진리의 광대한 바다를 앞에 둔 채
바닷가 백사장에서 뛰어놀면서 바닷물에 발을 담그다가
매끈하게 다듬어진 조약돌이나 예쁘게 생긴 조개 껍데기를 발견하고
기뻐하는 어린아이와도 같다."

내가 좋아하는 과학자의 명언은 뉴턴이 말년에 남긴 글귀이다. 근대 물리학의 주요 법칙을 발견한 대과학자가 남긴 말치곤 무척 겸손해 보인다. 하지만 나는 이 말이 뉴턴의 겸손함을 보여 주는 것이라고 생각하지 않는다. 이 말을 통해 뉴턴은 아주 솔직하고 정확한 자기 심정을 표현했다. 우리 앞에 놓인 자연은 웅장하기 이를 데 없다. 자연을 이루는 아주 작은 세균부터 거대한 산맥에 이르기까지 그 안에 숨어 있는 비밀은 깊이를 알 수 없는 넝쿨처럼 이어져 있다. 10배율로 바라본 나뭇잎을 꼼꼼하게 스케치북에 그려 넣었다 해도 나뭇잎의 모습을 다 알았다고 할 수 없다. 100배율 현미경으로 본 나뭇잎의 모습은 또 다르다. 또 100배율로 본 나뭇잎의 모습을 아무리 꼼꼼하게 뇌리에 새겨 두었다 해도 우리는 나뭇잎의 모습을 다 알았다고 말할 수 없다. 1000배율로 본 나뭇잎의 모습은 다시 100배율로 바라본 모습과 확연히 다르다. 과학은 우리에게 다채롭고 새로운 지식을 준다. 하지만 거기서 멈춘다면 그것은 과학이 아니다. 새로운 지식에는 언제나 새로

Science

운 질문이 배어 있다. 그 질문은 무궁무진하여 그 끝을 알 수 없다. 훌륭한 과학자는 새로운 지식을 습득하는 데서 그치지 않고 거기에 배어 있는 질문을 끊임없이 발견하여 되묻는 사람이다. 뉴턴이 그랬던 것처럼 아주 호기심 많은 어린아이가 되어 광대한 보물 창고와도 같은 자연 앞에서 쉼 없이 질문하는 일이 과학의 본질이라 할 수 있다. 이렇게 질문하는 사람이라면 자연을 진심으로 사랑하는 사람일 수밖에 없고, 자연 앞에서 진심으로 겸손한 사람일 수밖에 없다. 따라서 진정한 과학은 우리를 자연과 진실한 친구가 되도록 해 준다. 이런 점에서 내가 좋아하는 또 하나의 명언이 있다. 물질의 미시적 비밀을 밝히는 현대 양자물리학의 개척자라고 할 수 있는 막스 플랑크의 다음과 같은 글귀이다.

"과학은 자연이 던지는 질문에 대해 완전한 답을 찾아낼 수 없다. 그 이유는 바로 우리 인간이 답을 알아내고자 탐구하는 자연의 일부이기 때문이다."

인간이 자연을 탐구할 때 어떤 마음가짐을 지녀야 할지를 알려 주는 경구라고 할 수 있다. 자연을 인간과 분리된 탐구의 대상으로 생각하고 탐구하면 탐구의 결과물에 대해 자칫 오만해질 수 있다. 탐구를 통해 얻은 답이 아주 정확하고 완전해 보일지 모르지만 실은 그렇지 않다. 인간은 자연과 분리될 수 없는 그의 일부이므로 인간이 자연을 탐구할 때 인간은 탐구의 주체인 동시에 탐구의 대상이 된다. 따라서 인간의 불완전함이나 인간이 지

닌 미스터리가 언제나 탐구의 결과에 영향을 미친다. 즉, 그 답이 완벽하고 완전할 수 없다는 이야기가 된다. 이러한 사실을 또렷하게 마음에 새기고 탐구할 때, 과학을 통해 깨우쳐 가는 것이 어떤 의미를 지니는지 보다 정확하게 이해할 수 있다. 그러므로 이 경구는 탐구자를 꿈꾸는 사람이라면 누구나 아주 소중히 마음에 지녀야 할 것이다.

생명의 가장 중요한 비밀 하나

후쿠오카 신이치, 『생물과 무생물 사이』

'생물과 무생물 사이를 나누는 기준이 무엇일까?'라는 질문은 아마 생각할 수 있는 생명체가 지구에 등장한 수백만 년 전 이래 줄곧 틈날 때마다 던져졌던 질문이 아닐까 한다. 이 질문은 '살아 있다는 것은 무엇인가?', '생명이란 무엇인가?'라는 질문과 곧장 연결된다. 그리고 이 질문은 '죽음은 왜 필연적일 수밖에 없는가?'라는 질문으로 이어진다. 즉, '생물과 무생물 사이'를 나누는 기준에 대한 물음은 인간의 본질에 대한 물음의 출발점이다.

『생물과 무생물 사이』라는 책에서는 이처럼 출발점에 서 있는 질문에 대한 현대 생물학의 답변을 아주 쉽고 친절하게 정리해 주고 있다. 이 가운데 생명체는 끊임없이 파괴되면서 동시에 생성되는 동적 평형체라는 설명은 생명현상의 본질을 아주 정확하고

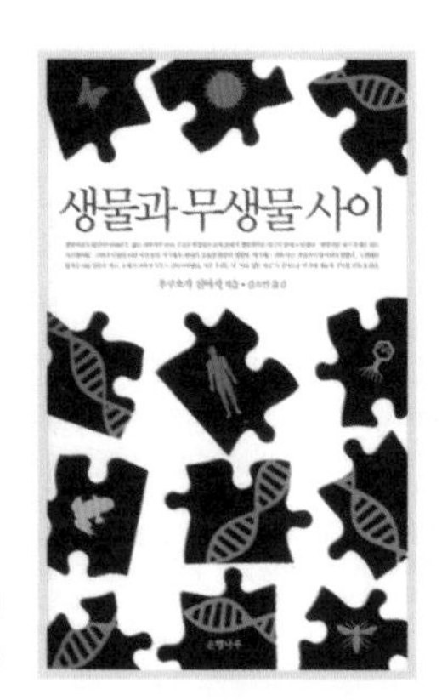

『생물과 무생물 사이』 | 지은이 후쿠오카 신이치
옮긴이 김소연 | 은행나무 | 2008

도 예리하게 짚어 냈다고 할 수 있다. 우리의 몸은 늘 그 모습인 채로 고정되어 있어 보이지만 실상은 파도에 쓸려 오고 쓸려 나가기를 반복하며 그 모습을 유지하고 있는 모래톱과 같다는 설명이다. 무슨 말인지 알 듯 말 듯 하다면, 신이치 선생의 명료하고 친절한 설명에 귀 기울여 보면 좋을 것 같다. 어찌 보면 생명의 가장 중요한 비밀 하나를 그가 건네는 귓속말을 통해 엿듣게 될 것이다.

사이언스 키드의 과학 사랑

+

센트럴 도그마

+

알폰소 쿠아론 감독, 〈칠드런 오브 맨〉

: 이은희 :

과학커뮤니케이터, '하리하라'라는 필명으로 과학을 알리는 일을 하고 있다. 생물학을 전공한 연구원이었다가 우연한 기회에 글 쓰는 재미를 알게 되어 2002년 『하리하라의 생물학카페』로 데뷔한 이후 전업 작가이자 과학커뮤니케이터가 되었다. 직업이었던 생물학이 관심 대상으로, 취미였던 글쓰기가 직업으로 역전된 삶을 살아가게 되었고, 이름보다는 '하리하라'라는 필명이 더 익숙하지만, 그럭저럭 바뀐 삶에 만족하며 살아가고 있다.

사이언스 키드의 과학 사랑

1970~80년대 어린 시절을 보낸 이들 중에는, 학교에서 장래 희망을 조사할 때 주저 없이 과학자를 써넣는 경우가 꽤 많았다. '지구를 노리는 악마의 그림자'를 무찌르는 거대 로봇들이 하늘을 날아다니고(《메칸더 V》), 두 다리와 팔과 눈까지 잃은 스티브 대령이 가엾은 장애인이 아니라 날렵하게 움직이는 초인(超人)으로 변모하며(《600만 달러의 사나이》), 부르면 언제든 달려와 마이클을 구해 내는 말하는 자동차 키트(Knight Industry Two Thousand, KITT)의 모습(《전격 Z 작전》) 뒤에는 이들을 만들어 내는 창조주인 과학자들이 있었다. 비록 현실에서 영웅으로 추앙받는 건 액션을 담당하는 주인공

들이었지만, 그들이 스포트라이트를 받을 수 있는 배경에는 뭐든지 말만 하면 척척 만들어 내는 – 때로는 말하기도 전에 알아서 만들어 주는 – 과학자들이 있기 때문이라는 사실을 모를 수 없었다.

나도 그런 '사이언스 키드' 중의 하나였던 것 같다. 과학자가 해결사로 나오는 애니메이션과 드라마를 하나도 빼먹지 않고 꼼꼼하게 챙겨 보면서 언젠가 나도 저런 사람이 될 수 있기를 꿈꾸었다. 그 꿈은 차츰 나이가 먹고, 아이들의 장래 희망 목록에서 대통령이나 장군과 함께 과학자라는 단어가 일찌감치 지워진 후에도, 여전히 남아 있었다. 과학에 대한 짝사랑은 정규 교과 과정을

거치며 고등학교 이과 – 대학교 생물학과 – 대학원 졸업 – 제약 회사 연구원으로 이어지는 일련의 테크트리를 별다른 고민 없이 선택하게 했다. 그때까지만 하더라도 비릿하면서도 구수한 배양액의 냄새가 마치 방향제처럼 떠다니는 복잡한 실험실을 나라는 한 명의 인간에게 제 몫을 하도록 허락된 세계의 한 부분으로 여겼다. 하지만 인생이란 참으로 알 수 없는 것이어서, 과학에 대한 지나친 짝사랑은 나를 상상했던 것과는 전혀 다른 삶으로 끌어들이게 된다.

흥미로운 건 내가 과학자가 아닌 다른 길을 걸어가게 만든 계기도 애초에 과학에 대한 지나친 짝사랑에서 시작되었다는 것이다. 내가 좋아하고 재미있어 하는 과학적 현상이나 원리들을 다른 사람들에게도 이야기해 주고 싶었고, 함께 즐기고 싶었다. 마치 내가 정말로 눈물 콧물 쏙 빼 가며 감동적으로 보았던 영화를 다른 사람들은 시큰둥하게 여길 때, 어떻게든 그들을 설득시켜 나와 같은 감동을 느끼게 하고 싶다는 욕망과 이걸 놓치면 큰 재미를 놓치게 된다는 안타까움이 반반쯤 섞여서 영화에 대한 팬 페이지를 만들고 호평으로 가득한 감상평으로 사람들을 설득시키는 열성 팬이 된 느낌이었다. 과학의 재미를 알리고 싶다는 마음의 소리는 인터넷에 과학의 재미를 알리는 글을 쓰는 홈페이지를 만들었고, 그곳에 한 편 두 편 올린 글들이 세월의 지원을 받아 켜켜이 쌓여 책으로 엮여 나오는 데까지 이른 것이다. 그리고 감사하게도 그렇게 발간한 첫 책에 관심을 가져 준 많은 이들 덕분에 난 연구소를 그만두고 '과학커뮤니케이터'로서 새로운 인생을 준비할 용기와 기반을 얻게 될 수 있었다. 여담이지만, 내가 필명으로 쓰는 '하리하라(hari-hara)'라는 이름 자체가 1997년, 처음 글을 쓸 때부터 사용했던 내 인터넷 메일 ID였다. 인터넷이라는 공간에서 글을 쓸 때 본명 대신 이메일 아이디를 사용한 게 그대로 내 필명으로 굳어져 버린 셈이다.

짝사랑은 참 쉽다. 그 대상과는 상관없이 나 혼자 시작하고 나 혼자 유지하고 나 혼자 끝낼 수 있으니. 또한 짝사랑은 참 어렵다. 기다림을 견뎌야 하고, 외로움을 참아 내야 하며, 무관심을 이해해야 하니까. 과학에 대한 내 짝사랑도 그랬던 것 같다. 처음 '가타카에서 살아갈 날들을 위해'라는 이름의 인터넷 페이지를 열고, 거기에 글을 쓰기 시작했을 때 한동안은 아무도 들어 주지 않는 이야기를 허공에 대고 소리치는 답답함을 견뎌야 했다. 사람들은 참으로 과학에 관심이 없었다. 내가 아무리 정성 들여 글을 써도 아무리 최신 정보들을 보기 좋게 정리해도 눈길 하나 주지 않았다. 미움받는 것보다 잊히는 것이 더 무섭고, 증오의 대상이 되기보다 무관심의 대상이 되는 것이 더 비참하며, 악플보다 더 서

러운 것이 무플이라는 것을 깨닫는 순간이었다. 하지만 순간 오기가 생겼다. 내가 과학, 그중에서도 공부하고 있는 생물학에 대한 글을 쓰려고 마음먹은 것은 애초에 누구에게 인정을 받거나 칭찬을 받기 위해서가 아니었다. 난 내가 공부하고 있는 분야가 마음에 들었고, 그게 재미있어서 그 재미를 더욱 확장하고 싶었던 것이었다. 그런데 남들의 인정이나 응원이 무슨 소용이람? 원래 과학자의 길은 고독한 것이 아니었던가!

마음을 비우자 여유가 생겼다. 일기를 쓴다는 심정으로 하루하루 글을 채워 나가기 시작하자 부담도 덜어졌고, 그 자체가 재미있어졌다. 재미가 붙자 글이 채워지는 데도 가속이 붙었고, 어느 순간 꽤 많은 글들이 빈 페이지에 채워졌다. 그러자 변화의 조짐이 보이기 시작했다. 글이 한두 개 있을 때는 별 반응이 없던 페이지가 제목 리스트가 길어지자 반응을 보이기 시작했던 것이다. 조금씩 댓글이 달리고 의견을 나누는 사람들

과 소통하면서 글을 쓰는 게 점점 더 재미있는 일이 되었다. 질문을 받으면 열심히 답을 찾았고, 반대 의견이 달리면 애를 써서 반박했으며, 누군가 다른 정보들과 소식들을 전해 주면 새로운 눈을 틔우면서 그렇게 하루하루 빈 페이지들을 채워 나갔다. 이제 글을 쓰는 것은 도저히 그만둘 수 없는 나의 일과가 되어 갔다. 누가 시킨 것도 아니고, 돈이 되는 것도 아니었지만, 그때만큼 열심히 글을 쓰고 의견을 개진하고 정보를 찾은 적이 없었을 만큼 열중했다. 이유는 단 하나. 그저 재미있었기 때문이었다. 그 옛날 공자님이 "아는 것은 좋아하는 것만 못하고, 좋아하는 것은 즐기는 것만 못하다.(知之者 不如好之者, 好之者 不如樂之者)"라고 하신 말의 의미를 몸으로 느끼는 순간이었다.

그렇게 과학에 대한 글을 쓰면서 느꼈던 재미는 나를 과학자가 아닌, 과학커뮤니케이터의 길로 이끌었다. 그 과정에서 내가 절실히 느낀 것 중 하나는 '과학에 접근하는 방법'은 과학이 재미있다고 느끼게 만드는 것이다. 우리 사회가 비과학적이고 비합리적이며, 과학적 교양은 인문학적 교양에 비해 그 수준이 떨어지는 과학적 문맹 상태가 지속된다는 탄식은 예전부터 나왔다. 그리고 이런 상황을 해결하고자 다양한 노력들도 시도되어 왔다. 그중에서도 가장 많이 시도된 것은 과학에 '쉽게' 다가가는 방법이었다. 많은 이들의 뇌리에 과학은 '어려운 것'이라는 고정관념이 뿌리박

혀 있기 때문에 사람들이 과학에서 멀어진다고 생각해 어떻게든 과학을 '쉽게' 접근하는 방법이 유용할 것이라 생각했던 것이다. 그래서 대중 과학서 작가들은 '초등학생도 이해할 수 있을 만큼 쉬운 글'을 주문하는 출판사와 언론사들의 요청을 받고, '유치원생부터 어른까지 모두 즐길 수 있는 콘텐츠'를 만들어야 한다는 강박관념에 시달려야 했다. 어려우니 쉽게 접근하겠다는 취지야 나쁘지 않았지만, 결과적으로 과학에 쉽게만 접근하려는 시도들은 모조리 실패로 돌아갔다.

이유는? 당연하게도 과학이 결코 쉽지 않기 때문이다. 양자역학을 아무리 쉽게 설명한다고 그 원리가 쉬워지던가? 세상에 어떤 학문이 초등학생 수준에서 이해가 되던가? 하다못해 유치원생부터 어른까지 모두 즐길 수 있는 영화나 소설을 본 적이 있었던가? 무조건 쉬워야만 한다는 강박에 가까운 피해 의식은 결국 과학을 알리는 시도를 이도 저도 아닌 것으로 만들어 버렸다. 사실 어려운 것을 쉽다고 말하는 것 자체가 거짓이며, 어떻게든 어려운 것에 쉽게 접근하려고 하다 보면 그저 수박 겉핥기 수준을 벗어날 수가 없다. 또한 과학(科學)은 애초에 '자연 현상을 이해하고 탐구하는 학문'이라는 거창한 뜻을 품고 있는데, 인류 전체가 하나의 구성원에 불과한 거대하고 복잡다단한 대자연의 비밀이 어디 쉽고 단순하기만 하겠는가. 또한 과학은 어느 정도 단계적인 성격도

가지고 있어서 앞의 것을 이해해야 다음이 이해되는 성질도 있다. 걸음마를 뗄 줄 알아야 달릴 수 있고, 덧셈을 알아야 덧셈을 여러 번 반복하는 곱셈을 이해할 수 있는 것처럼 세상에는 처음부터 바람처럼 내달리는 비법은 존재하지 않음에도 우리는 이를 너무 쉽게 간과해 버렸다.

과학은 분명 어렵다. 하지만 벌써부터 절망할 필요는 없다. 쉬운 것과 재미있는 건 전혀 별개의 문제이기 때문이다. 오히려 재미는 약간의 어려움이 있을 때 나온다. 아기와 까꿍 놀이를 해 본 적이 있는 사람은 알 것이다. 아기는 얼굴을 손으로 가리고 있다가 '까꿍~' 하면서 얼굴만 보여 줘도 까르거리며 좋아한다. 까꿍 놀이의 과정은 대개 이렇다.

아기와 놀아 줄 마음을 먹는다. → 까꿍을 한다. → 아기가 웃는다. → 웃는 모습이 예뻐서 몇 번 더 한다. → 아기는 할 때마다 좋아하지만, 하는 사람이 슬슬 질리기 시작한다. → 이제 그만해야겠다라고 마음먹는다. → 아기가 운다…….

아기에게는 까꿍이라는 소리를 내며 얼굴을 보여 주는 행위 자체가 신기한 일이라서 몇 번이고 무한 반복을 요구하지만, 하는

사람은 똑같은 행위의 반복이 지루하기 때문이다. 핵심은 이것이다. 동일한 행위라고 하더라도 이를 할 수 없는 아기는 이 놀이가 신기하고 재미있지만, 너무 쉬운 행위를 반복하는 어른은 지루하게 느끼는 것이다.

이는 게임에서도 마찬가지다. 쉬운 것만 계속 반복되는 게임은 단조롭고 지겹다. 오히려 사람들을 게임에 붙잡아 두기 위해서는 시간이 갈수록 난이도가 높아지고, 해결해야 할 미션들을 적당히 까다롭게 만들어 주어야 한다. 오로지 재미만을 추구하도록 만들어진 게임조차 이럴지니, 누군가를 무언가에 끌어들이려면 그들에게 이 대상만이 줄 수 있는 재미를 느끼게 하는 것이 비법이 될 수 있다. 그 재미를 느낀다면 목적은 절반 이상 달성되었다고 보면 될 것이다. 그리고 그 재미의 대부분은 실제 경험에서 싹이 자라난다. 사람은 경험하지 않은 것을 상상하기 어렵도록 만들어진 존재이기 때문이다.

그렇다면 어떻게? 일단은 마음가짐이 중요하다. 어떻게든 여기서 재미를 찾아내 보겠다는 마음가짐. 그다음에는 관련 분야의 책을 읽는 것도 좋지만, 실제로 직접 몸으로 부딪쳐 보는 것이 좋다. **흙을 만져 보고, 곤충을 잡아서 만져 보고, 별을 관찰해 보고, 물질을 섞어 보고, 그림을 그려 보고, 몸을 움직여서 바람을 가르며 달려 보라.** 망원경으로 반짝이는 별을 보아도 가슴이 뛰지 않고, 꿈틀거리는 벌레를 잡아 봐도 아무런 느낌이 없고, 녹인 설탕에 소다를 섞었을 때 부풀어 오르는 것이 신기하지 않다면 그때 가서 과학에 대한 관심을 끊어도 좋다. 세상 모든 사람들이 과학을 좋아해야 한다는 당위성은 없으니, 몇 명쯤은 과학에 대해 관심을 두지 않고 살아도 크게 문제 될 것은 없다. 하지만 이 과정에서 조금이라도 신기하고 재미있고 즐거운 느낌이 들었다면, 마음 한구석의 한 평쯤은 과학에 자리를 내어 주는 것은 어떨까.

여기서 팁 하나. 과학을 공부해야 하는데 무엇부터 시작해야 할지 막막하다면 자신이 실제 경험해 본 다양한 과학적 경험 중 가장 관심이 가고, 가장 즐거웠던 것부터 시작하면 된다. 음식은 골고루 먹어야 하지만, 처음 이유식을 먹기 시작하는 아이가 모든 것을 다 먹을 수 없듯이, 과학을 처음 접하는 이들이라면 얼마든지 편식을 해도 괜찮다. 중요한 건 과학이 재미있다는 느낌, 그것을 잡는 것이니까 말이다.

그나마 다행스럽다고 생각되는 건, 현대 과학의 눈부신 발전은 우리가 교과서 속에서만 배웠던 다소 고풍스러운(?) 과학의 모습을 벗고 훨씬 더 사람들의 눈길을 잡아끄는 파격적인 모습을 선보이고 있다는 사실이다. 끔찍한 폭탄 테러로 인해 다리를 잃은 무용수가 기계 다리를 이식하고 다시 멋진 춤을 추는 것도 보았고, 전신마비로 인해 손끝 하나 까딱할 수 없는 환자가 뇌파로 조종하는 로봇팔을 이용해 스스로 커피를 마시는 모습도 보았다. 혜성탐사선 로제타호는 5억km 떨어진 곳에서 시속 5만km로 움직이는 약 7km 길이의 작고 재빠른 행성을 따라잡아 탐사선을 내려보냈고, 구글의 자율주행자동차는 200만km의 시험 주행을 무사히 마쳤다. 과학자들은 유전자와 바이러스의 미시적 세계부터 태양계를 넘어 우주로 향하는 거시적 세계까지 속속들이 현미경과 망원경을 가져다 대며 그들이 가진 비밀과 가능성을 우리에게 보여 주고 있다. 기계와 공존하고, 생각하는 기계가 등장하고, 우리의 유전적 속성을 조정할 수 있고, 인간의 삶의 범위가 지구를 벗어날 수 있는 가능성이 과학의 발전을 통해 제기되고 있는 것이다. 이런 사실이 흥미롭고 재미있지 않다면? 그때 가서 과학에 대한 관심을 접어도 좋을 것이다.

센트럴 도그마(central dogma)

어떤 분야든 그것이 나름의 논리를 지녔다면 핵심적인 이론은 있게 마련이고, 생물학에서는 중심 원리, 즉 센트럴 도그마(central dogma)가 있다. 센트럴 도그마란 '절대적 권위'를 뜻하는 단어로, 생물이 생존하고 번식하는 가장 기본적인 과정이 담겨 있다는 의미다. 센트럴 도그마는 DNA 이중 나선의 구조를 규명한 것으로 유명한 프랜시스 크릭이 1956년 처음 주장했다. 생명체들은 유전물질인 DNA를 가지고 있으며, DNA는 스스로 복제가 가능하고, 이 DNA에서 RNA가 만들어지며 이 RNA의 정보를 번역해 단백질이 합성된다는 이론이다. 여기서 DNA, RNA, 단백질은 일련의 선형 구조를 갖는다. DNA에서 RNA로, RNA에서 단백질로 이어지는 구조 말이다. 이는 생물체의 유전정보가 어떻게 저장되고, 복제되고, 유전되며, 생물체의 몸을 이루는 단백질이 어떤 방식으로 만들어지고, 조절되고, 구성되는지를 한눈에 알려 주는 공식으로 그야말로 생물을 구성하는 가장 중심이 되는 원리(central dogma)라고 할 수 있다.

하지만 정작 내 눈길을 끈 요소는 이 센트럴 도그마가 아니라, 세상에는 센트럴 도그마의 예외들이 버젓이 존재하며, 그 또한 의미가 있다는 사실이었다. 생물체의 기본은 센트럴 도그마를 따라 DNA→RNA→단백질 순으로 만들어지고 정보가 전달

Science

된다. 하지만 때로는 RNA에서 DNA를 만들어 내는 존재(역전사 바이러스)들이 버젓이 활개 치기도 하고, DNA나 RNA의 순서를 거치지 않고서 단백질이 스스로를 복제(프리온 단백질)하기도 하는 현상도 지구상엔 얼마든지 존재한다. 그러나 이런 예외들에도 불구하고 여전히 센트럴 도그마는 생명현상을 설명하는 주요 과정으로 받아들여지고 있다. 이것이 생물학만이 지닌 묘미였고, 나를 사로잡았던 매력이었다.

물리학이나 수학이 예외를 허용치 않는 엄정한 과학이라면, 생물학은 예외가 너무나 당연하게 존재하는 융통성 있는 과학이다. 어찌 보면 엄밀하지 못한 과학이 과학이라고 할 수 있는지 의문이 들 수도 있다. 하지만 생물체 진화의 근본은 다양성과 창발성에서 기인했다는 것을 이해한다면 이는 당연한 일이 된다. 생명체에게 주어진 기본 미션은 불확실성이 가득한 세상 속에서 어떻게든 생존하는 것뿐이었고, 그렇기에 생명체들은 각자 주어진 환경 속에서 무한한 다양성과 창발성을 거듭한 결과 나름의 생존 비법을 터득했다. 그래서 생물체들은 어떤 환경에도 무난하게 적용 가능한 기본 설계를 바탕으로 각자 자신이 할 수 있는 최대치의 융통성을 발휘해 살아남게 된 것이다. 그래서 생물학에서는 센트럴 도그마가 받아들여지면서도, 이를 반박하는 증거들이 모순이 아니라 예외로 얼마든지 공존한다. 중심 원리는 존재하지만 예외를 허용하는 생물학의 특징은, 중심을 잃지 않고 정도를 지키면서도 나와 다른 존재에 대해 관용을 허용하는 현대 시민 사회의 이상과

닮아 있다. 현대인들이 오랜 투쟁과 희생으로 지켜 낸 이상적인 가치관이 가장 근본적인 생물학적 본성으로 회귀한다고 하는 것이 더 정확할 테지만 말이다.

인류 종말의 끝, 기적의 소녀를 만나다!

알폰소 쿠아론 감독, <칠드런 오브 맨>

한 알의 씨앗이 땅에 떨어져 싹이 튼다. 그 작고 여린 새싹은 햇빛을 듬뿍 받고 물기를 머금으며 무럭무럭 자라나 아름드리나무가 된다. 그리고 가지마다, 마디마다 피어난 꽃들은 나비와 벌의 도움으로 씨앗을 맺고, 땅에 떨어진 씨앗은 다시 새로운 생명의 순환을 시작한다. 그 부모가 그랬고, 그 조상이 아주 오래전부터 그래왔듯이.

생명체를 생명체로 특징짓는 가장 큰 요소는 발생과 번식이다. 생명체는 하나의 씨앗에서, 하나의 알에서, 혹은 단 한 개의 세포에서 시작되어 저마다의 특징을 보이며 성장한 뒤, 자신을 닮은 후손들을 남기며 세대를 이어 간다. 어떤 이유로든 세대를 이어 나갈 수 없을 때, 그 생명체는 멸종으로 향하는 최후의 기차에 올

〈칠드런 오브 맨〉 | 알폰소 쿠아론 감독
2006년

라탄 셈이 된다.

알폰소 쿠아론 감독의 2006년 작, 〈칠드런 오브 맨〉은 그런 암울한 미래를 그리고 있다. 작중 배경은 2027년의 머지않은 미래다. 그렇기에 사람들이 살아가는 모양새는 지금과 크게 다르지 않지만, 사람들의 정신세계는 말로 할 수 없을 만큼 피폐해져 있다. 이유는 약 20여 년 전부터 알 수 없는 이유로, 아기가 태어나지 않는 전 인류적인 불임 상황 때문이다. 인간의 수명은 유한하다. 제아무리 힘세고 강한 이들이라 하더라도 언젠가는 늙을 것이며, 때가 되면 죽음을 맞이할 것이다. 하지만 그래도 인류가 유지될 수 있었던 것은 그만큼의 빈자리를 새로운 생명들이 이어 주었기 때문인데, 그 고리가 갑자기 끊어져 버린 것이다. 이제 인류는 예정

된 멸종의 길을 향해 브레이크가 고장 난 자동차처럼 달려가고 있을 뿐이다. 그 절망감은 사람들을 미치게 만든다. 기껏해야 수십 년 뒤면 지구상의 인간들은 하나도 남지 않을 것이 뻔한데 미래를 걱정하며 환경을 보호할 필요가, 법과 질서를 지키며 사회를 유지해야 할 이유가 있을까? 사람들은 자포자기하는 심정으로 엇나가고, 전 세계는 그야말로 혼돈의 도가니가 된다.

인류가 이대로 자멸해 버릴 찰나, 하나의 희망이 생겨난다. 가난하고 못 배운 시골 소녀 키(Kee)가 아기를 낳은 것이다. 이 영화의 백미는, 시체들이 산처럼 쌓인 전쟁터에 아기의 울음소리가 울려 퍼지는 순간이다. 이 순간, 서로를 죽일 듯이 노려보던 이들은 총구를 내리고 이 아기를 놀란 눈으로 바라본다. 몇몇은 주저앉아 성호를 그으며 감사하고, 두 손을 모아 기도하며 흐느끼기도 한다.

그러나 아기의 탄생이 지긋지긋하게 이어지던 살육의 고리를 끊을 수 있을지 기대하게 하는 것도 잠시, 아기가 지나가고 나자 사람들은 다시 총구를 들이대고 서로를 쏘기 시작한다. 새 생명에게 경배하던 이들이, 그 손을 들어 다른 생명의 목숨줄을 끊는 아이러니를 아무렇지도 않게 행하는 것이다. 〈칠드런 오브 맨〉에는 탄생과 죽음으로 이어지는 생명의 순환에 담긴 묵직한 무게감, 희망을 보았음에도 파국을 향해 달려가는 것을 멈출 줄 모르는 인간의 어리석음과 희망의 불씨를 지켜 내기 위해 기꺼이 스스로를 희생하는 사람들의 고결함이 공존한다. 그래서 인간이라는 존재의 의미와 인류의 공존, 나아가 생물 종의 멸종과 영속성에 대해 곱씹어 보게 하는 영화다.

소년소녀
과학탐구
10

공룡부터 로봇까지,
좀 이상한 여자아이들의 친구

+

휴 허의 명언

+

안노 히데아키 감독, 『신세기 에반게리온』

: 이진주 :

드라마보다 수학과 과학을 좋아하는 애 엄마 덕후. “평행 우주 속의 로봇 소녀”를 이쪽 우주로 불러내 지금 행복하게 만들고 있는 프리랜서 글쟁이. 더 많은 소녀들에게 연장과 공구를 안겨 주고, 자아를 발견하도록 돕는 사회사업가.

공룡부터 로봇까지, 좀 이상한 여자아이들의 친구

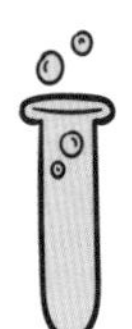

내 사랑 브론토사우루스

그러니까 시작은 공룡이었다. '그 시절 우리가 사랑했던' 공룡들 중에 내가 특히 열광했던 건 브론토사우루스였다. 눈이 쫙 찢어지고 콧구멍은 벌름대는 티라노사우루스가 공룡계의 슈퍼스타라는 건 이미 알고 있다. 그가 터프하게 잘생긴 건 사실이다. 육식공룡이니까, 인정. 그건 그룹 빅뱅의 탑이나 탤런트 김우빈이 '남자답게' 잘생겼다는 걸 받아들이는 것만큼이나 쉬운 일이다. 도대체 남자다운 게 뭔지는, 뒤에 가서 이야기하기로 하고.

허나 나의 소중한 브론토사우루스는 잘생김의 종류가 다르다. 조막만 한 얼굴, 기다란 목, 커다란 몸뚱이 그리고 착한 표정, 외로워도 슬퍼도 함부로 크롱대거나 크악대지 않고 혼자서 풀이나 뜯어먹을 뿐, 아무도 해치지 않는 초식 공룡. 그러니까 그 옛날 어린이 만화 〈아기공룡 둘리〉의 모델이 됐을 터다. 둘리라고 하면 언젯적 이야기냐며 무시하는 친구들도 있겠지만, 나는 아직도 빙하 타고 내려온 둘리가 마침내 엄마를 만나는 장면을 생각하면 눈물이 난다. 순둥이 공룡 브론토사우루스…….

공룡을 사랑하다 보니 공룡을 주제로 한 각종 대회에서 상을 탔다. 공룡시대 상상해서 그리기 대회, 공룡 책 읽고 독후감 쓰기 대회……. 상을 타다 보니 더 좋아하게 됐다. 공룡의 뒤를 이어 온갖 '과학적인' 것들에 탐닉했다. 모형 글라이더 날리기 대회, 과학 상자 조립 대회 등등 '과학적으로 보이는' 모든 대회에 단골 출전했다. 그때는 아무도 학원을 뺑뺑이 돌며 선행 학습 같은 건 하지 않았다. 그러니 누구도 스스로

좋아하는 자를, 그러니까 나를 이길 수 없었다. 누구도 내게 “여자 아이가 왜 공룡 같은 걸 좋아하느냐”고 묻지 않았다. 그 작은 학교에서 나는 “하다못해 ‘과학 상자도’ 잘하는 아이”였다. 돌이켜 보면 운이 좋았다.

시골 마을의 과학 소녀

엔지니어였던 아빠는 두 남동생은 제쳐 두고, 나만 싸고돌았다. 아빠는 기계공학과를 나온 계측기 기술자였다. 관련 자격증만 열 개가 넘는다고 했다. 독학으로 일본어를 배워 원서들을 봤고, 덕분에 누구보다 빨리 첨단기술을 익혔던 게 비결이었다. 아빠가 차린 공장에서 나는 시계처럼 작은 계측기들이 참 예쁘다고 생각하며 자랐다. 쇠나 신주나 알루미늄 같은 금속, 나사, 톱니바퀴, 부속, 그런 것들이 좋았다.

믿었던 동업자에게 배신당하고 허리에 병을 얻어 사업을 접기 전까지, 우리 삼남매는 아빠가 직접 그네를 매단 방배동 이층집에 살았다. 정원에는 덩굴장미가 피어 있고, 젊은 식모 언니가 우리들을 돌봤다. 그러다 아빠의 사업 실패로 아무것도 없는, 보라색 들국화만 지천으로 피어 있는 시골로 갑자기 내려오게 된 거다. 우리의 마음속에는 항상 장미 정원이 있는 방배동 이층집이 있었다. 그걸 대신하려고 아빠는 시골집 입구에 직접 만든 새빨간 우체통을 매달았다. 아빠가 직접 파고 물을 채운 쌍둥이 연못을 우리는 '안경 연못'이라고 불렀다. 그곳에 물옥잠을 심고, 붕어를 키우고, 오리를 풀었다. 우리는 연못에서 소금쟁이와 물방개, 가재를 잡으며 놀았다. 그러니까 그 모든 자연들이 자연스러웠던 시절이었다.

나는 초등학교를 경기도에서 다녔다. 인천과 안양 사이 산업도로변의 조용한 동네였다. 그 시골에서 아빠는 수십 종의 신문과 잡지를 구독하는 엘리트였다. 나는 아빠 무릎에 앉아 세상을 배웠다. 사업이 망하고 몸마저 편찮으셨던 그때, 아빠의 유일한 낙은 딸을 가르치는 일이었던 것 같다.

집에는 명작 사진 전집이 쌓여 있었다. 초록색 표지의 대자연 시리즈에 나오는 아프리카 초원의 치타며, 분홍색 표지의 인류 문명 시리즈에 나오는 네페르티티의 얼굴 같은 걸 어찌 잊을 수 있을까. 만화 잡지 『보물섬』과 과학 잡지 『학생과학』 같은 걸 보는 아이도 동네에서 나뿐이었다. 당시 『학생과학』에 연재됐던, 차성진 작가의 SF만화 「델타성의 카렌」의 광팬이었다. 얼마나 좋아했던지 스스로 내 영어 이름을 '카렌'이라고 갖다 붙였을 정도였다. 그 시절, 아빠가 사다 주신 테이프 속에서 가수 민해경은 노래 불렀다.

서기 2000년이 오면 우주로 향하는 시간
우리는 로케트 타고 멀리 해 사이로 날으리

딸은 아빠의 별

초등학교 5학년 담임 선생님이 나를 너무 잘 보신 나머지, 엄마를 여러 번 불러 설득했다. "얘를 여기 놔두시면 안 됩니다. 강남으로 데려가셔야 해요." 나는 그래서 다시 방배동 소녀가 됐다. 아빠는 더욱 쪼그라들어 장미 정원 같은 건 사 줄 수 없었다.

학생회장을 직선제로 치르는 중학교에서 리더십을 키웠다. 멋진 연설을 하고, 교지에 글을 쓰는 언니들이 지천이었다. 짧은 커트머리의 선머슴아 같은 회장으로 사는 동안, 책상 위에는 후배들이 보낸 편지와 선물들이 쌓여 있었다. 형편이 어려운 친구에게 과학고 추천서를 양보하고 이웃 여고에 진학했다. 중학교 때와는 분위기가 영 딴판이었다.

수입 머리핀을 하고 기십만 원대 청바지를 입는 아이들 사이에서 나는 우울한 사춘기를 보냈다. 내가 다닌 여고의 선생님들은 "서울대반보다 이대반이 좋아. 서울대반은 공부만 잘해서 별로고, 이대반은 예쁘니까."라든가, "의사, 판검사가 되지 말고 사모님이 되세요." 같은 말을 아무렇지도 않게 했다. 지금 생각해 보면 양쪽 모두에게 모욕적인 말이었는데, 아무도 항의할 생각을 하지

못했다.

나는 내 안의 남성성을 버리고, '공주 학교'에서 살아남기 위해 노력했다. 방송반에 들어가 핑크 플로이드의 '어나더 브릭 인 더 월' 같은 걸 틀었다. 획일적인 교육을 비판하는 노래를 운동장으로 내보내며, 혼자서 속으로 통쾌해했다. 교과서 밑으로는 소설을 숨겨 놓고 읽었다.

서울시에서 운영하는 과학영재교육원이 유일한 해방구였다. 과학영재교육원에서는 일주일에 한 번 남산에 모여 실험을 했고,

명사들의 특강을 들었다. 우리는 서울 어딘가에 자신을 이해해 주는 비슷한 친구들이 있다는 데서 큰 위로를 받았다. 학교의 속물적 분위기와 입시에 내몰려 답답할 때는 천문대에서 본 별을, 우주를 생각했다. 우주적 스케일로 보면 지상의 일들은 지극히 사소한 것이었다. 고3 야간 자율 학습을 하던 밤, 운동장을 몇 바퀴나 돌다가 때려치웠다. 저런 밤하늘 아래 갇혀 도저히 야자 같은 걸 할 수가 없었다. 아빠는 남루한 방 천장에 야광별을 붙여 주셨다. 그 별빛이, 내가 잘못되려 할 때마다, 지금껏 나를 인도했다. 나는 언제나 아빠의 별이었다. 함부로 망가질 수 없었다.

남자의 이름 뒤에 숨은 여자

수능 시험을 망쳐서 아빠가 원하던 의대에 가지 못했다. 안전 지원으로 남겨 둔 수도권 모 공대에 갔다. 아빠는 당신보다 잘났다고 믿었던 딸이, 현실적으로 당신보다 못한 곳에 간다는 걸 납득하지 못했다. 그러면서도 "공대에서 여왕처럼 살 수 있을 거야." 라고 딸을 위로했다. 아빠의 예언대로 즐거운 날들이 이어졌다. 그러나 이런저런 상황에 부딪치면서 곧 깨달았다. '공대 아름이'(공대에 여학생이 드물어 공주 대접을 받는 걸 비유한 조어)로 즐겁게 살 수는 있어도 '남성들의 질서로 움직이는 남성들의 판'에서 주류가 되긴 어렵다는 걸.

문과로 옮겨 재수를 했다. 어디든 골라 갈 수 있는 성적이 나왔는데, 이번에도 아빠는 지극히 현실적인 조언을 했다. "여자가 시집 잘 가 편안하게 살려면, 사범대를 가는 게 좋겠다." 어찌된 영문인지 나는 순종했다. 아무런 교육적 소명 없이 사범대에 간 것이다.

그렇게 수학과 과학과 기계와 남성들의 세계를 떠나게 됐다. 건너온 곳은 문학과 언어와 미디어와 여성들의 세계였다. 훗날 이곳마저 여성들의 세계는 아니란 걸 알았지만 말이다.

걸스로봇, 평행 우주 속의 소녀들을 위하여

대학을 졸업하고 한 전자회사에서 마케팅 일을 했다. 일이 싫지는 않았지만, 그곳 역시 남자들의 그라운드였다. 일 년이 넘도록 나는 남자 동기의 프로젝트만 도왔다. 퇴사 후 7년을 방황하다가 신문사에 입사했다. 메이저 일간지 최초의 애 엄마 수습기자라고들 했다. 나는 기자 일을 사랑했지만, 둘째가 생기면서 결국 그만두게 됐다. 나는 우리 부모님과 비슷하고도 다른 이유로 강남을 떠났다. 아이들에게 영재 교육이 아니라 어린 시절을 주고 싶어서였다. 제주도에 내려가 두 아이들을 키우며 5년이 흘렀다. 긴 세월을 돌고 돌아, 이제야 어린 시절 좋아했던 과학의 세계로 돌아왔다.

엄마 아빠는 나를 사랑하셨지만, 내게 이중적인 기준을 주어

혼란스럽게 하셨다. 두 분은 딸이 학문적으로는 탁월하기를 바라셨지만, 직업적으로는 적당히 성공하며 가정적인 행복을 얻기를 바라셨다. 한국 사회에서 그 두 가지 목표를 모두 달성하기란 쉬운 일이 아니었다. '시집 잘 가기 위해', '여자로서 평탄하게 살기 위해' 진로를 여러 번 바꾸었는데도 말이다. 나는 아들만 둘이다. 내게 딸이 있었다면 다르게 가르쳤을 것이다. 내가 지금 운영하고 있는 소셜벤처 '걸스로봇'에서 하려는 것이 바로 그런 일들이다.

'걸스로봇'은 '로봇하는 여자들의 네트워크'를 표방하는 소셜벤처다. 소셜벤처란, 이윤보다 사회적 변화를 추구하는 형태의 회사다. 로봇공학을 전공한 여성뿐 아니라 '소공녀'(소수정예 공대 여대생: 걸스로봇이 지은 조어), 더 넓게는 로봇과 로봇이 대변하는 과학에 관심이 있는 모든 여성을 아우르고자 하는 모임이다.

'걸스로봇'은 더 많은 여성들이 이공계에 진출하고 살아남는 것을 돕는다. 현재 여성의 이공계 진출 비율은 10~15% 정도다. 중간 관리자 이상의 직급은 7% 수준이다. 이 사람들은 평생을 '방 안에 혼자뿐인 여성'으로, '홍일점' 혹은 '홍이점'으로 존재하며 외로워한다. 과학기술이라는 우주의 외톨이별인 것이다. 그들은 자신이 별인 줄도 모른 채 스스로를 의심하다 빛을 잃는다. 암흑물질로 사라지는 여성은 더 많다. 애초에 85~90%의 가능성이 사장돼버리는 것이다. 어쩌면 그중에는 기회만 주어진다면 노벨상을 받을 수 있는 여성도 있을 것이다. 남성이 지금껏 풀지 못했던 문제를 새로운 눈으로 발견할 수 있는 여성도 있을 것이다. 다양성이 답이다. 인류에게는 자원을 낭비할 시간이 없다.

나는 페미니스트다. 페미니스트로 태어난 것이 아니라, 40년 동안 살다 보니 페미니스트가 되었다. 사실 여성운동을 하기 위해 가장 임팩트가 큰 분야를 골랐더니 그게 이공계였던 것이지, 인문사회계나 예체능계도 상황은 마찬가지일 것이다. 여성들의 그라운드는 어디에도 없다. 가장 남성적인 학문인 공학에서, 가장 미래적인 분야인 로봇을 하는, 가장 소외된 존재인 여성을 이야기하는 것이 의미 있는 일이라고 생각했다. 여기서 로봇은 이공계 학문과 직업 전반을 아우르는 하나의 상징이다. 나는 이 일이 단지 여성만이 아니라, 사회 전체를 위해 반드시 해야 하는 일이라고 확신한다. 고맙게도 만든 지 채 일 년도 되지 않은 회사에 쏟아지는 관심이 뜨겁다. 사회적 분위기가 무르익었기 때문이다. 이제 더 이상은 참을 수 없다. 마침내 임계점에 다다랐다.

딸들의 시대라고 한다. 모자란 아들들을 압도하는 '알파걸'로 사방이 가득 찼다. 그런데도 공부 잘하는 여자아이들의 인생은 크게 달라진 것 같지 않다. 이 글을 읽는 여학생 독자들은 어쩌면 아직, 몸으로 이해하지 못하는 이야기일 수도 있다. 끝내 모르기를 바란다. 하지만 불행히도 10년 안팎으로 깨닫게 될 확률이 높다.

공부로, 학점으로 평가받는 대학 시절까지 부모님과 선생님들의 사랑을 한 몸에 받는 알파걸로 살던 여학생들이, 사회로 나가면 소식도 없이 사라지는 이유를. 언니 시인들이, 작가들이, 연구자들이, 수십 년째 한탄하며 '동지'를 찾아 헤매는 이유를. '그 많던 여학생들은 다 어디로 갔는가.' 바위에 내던져진 달걀 한 알의 심정으로 거대한 벽에 부딪혀 깨지는 건 이제 우리 세대로 끝내야 하지 않을까.

전 세계를 다니며 여자아이들의 분홍색 물건과 남자아이들의 파란색 물건을 모아 찍는 사진작가가 있다. '핑크 앤 블루 프로젝트'를 하는 윤정미 작가다. 그의 연작을 보면 서기 2000년을 훌쩍 넘긴 지금도, 일런 머스크의 〈스페이스X〉가 화성탐사를 고민하는 요즘도, 여전히 여자아이에게는 분홍색과 여성성과 여성의 일이 강요되고 있다. 유치원생인 둘째 아들의 여자 친구들 중에 공주 대신 공룡을 좋아하는 아이가 있다. 그 아이는 분홍색을 좋아하지 않는다. 레이스가 치렁치렁한 드레스도 별로라고 한다. 공룡 단계를 지나서는 토마스 기차와 변신 자동차의 세계로 넘어왔다. 그 아이는 여자아이들 속에서 조금 이질적인 존재로 취급받고 있었다. 스스로도 자신을 남자아이라고 여기면서 말이다.

나는 완전히 감정이입해서 그 아이에게 말했다. "넌 반드시 훌륭한 과학기술자가 될 거야. 아줌마가 만든 '걸스로봇'은 바로

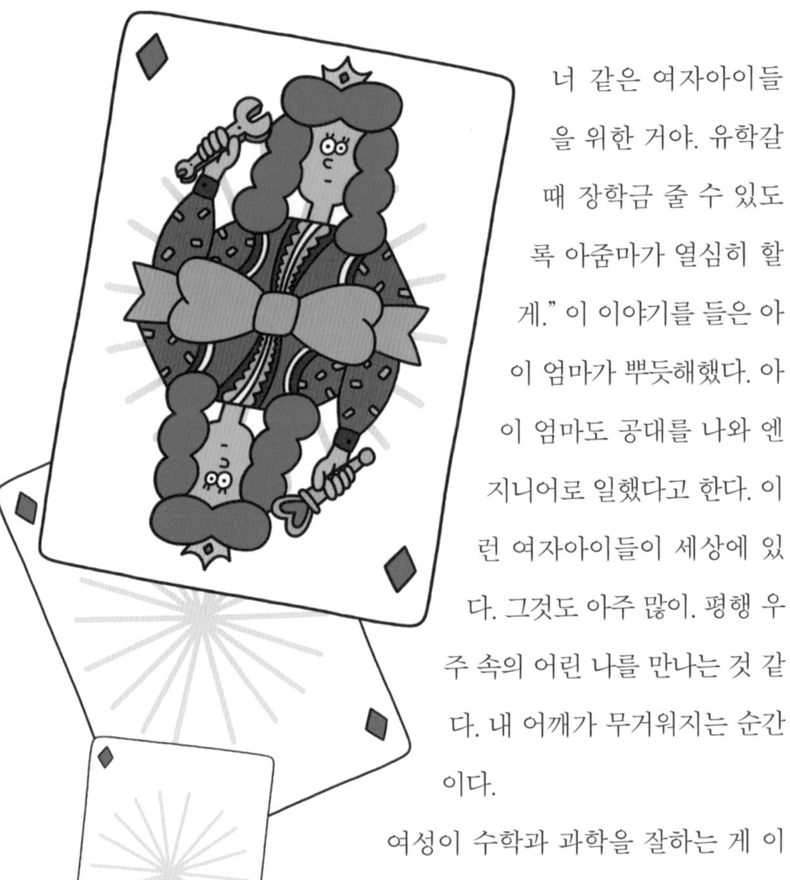

너 같은 여자아이들을 위한 거야. 유학갈 때 장학금 줄 수 있도록 아줌마가 열심히 할게." 이 이야기를 들은 아이 엄마가 뿌듯해했다. 아이 엄마도 공대를 나와 엔지니어로 일했다고 한다. 이런 여자아이들이 세상에 있다. 그것도 아주 많이. 평행 우주 속의 어린 나를 만나는 것 같다. 내 어깨가 무거워지는 순간이다.

여성이 수학과 과학을 잘하는 게 이상하지 않고, 과학고나 공대에 가는 게 나쁘지 않은 사회를 만들어 보려고 한다. 남편이 없어도, 아이를 낳지 않아도, 혼자서 공부만 하거나 일만 해도 괜찮은 사회 말이다. 여성은 열등하거나 종속된 존재가 아니다. 성장 과정의 모든 교육과 훈련이 오롯이 시집 잘 가는 것으로만 수렴된다면, 그래서 자식에게 인생을 걸고 거기에

만 집착한다면, 너무 슬프지 않은가.

과학기술계의 '서프러제트'

나는 과학자도 공학자도 아니다. 박사도 교수도 아니다. 예전에 기자였지만 지금은 그조차도 아니다. 다만 내게는 글과 말이 있고, 여러 만남을 통해 사귄 친구들이 있다. 나는 네트워킹 파티와 캠페인, 인터뷰와 강연, 칼럼과 저술 활동을 통해, 다시 말해 내가 할 수 있는 모든 수단을 동원해, 그런 여성들이 존재한다는 걸 세상에 알린다. 여성이 생애주기별로 맞닥뜨리는 선택과 그 선택의 결과로 벌어질 수 있는 일을 적나라하게 보여 주고, 다양한 사례를 통해 여성 스스로 인생을 시뮬레이션해서 미래를 결정할 수 있도록 하고 싶다.

로봇과 과학으로 시작했지만, 사실은 여성의 삶 전반에 대한 이야기다. 나는 감히 나의 친구들을 '과학기술계의 서프러제트'라고 부른다. 100년 전 여성 참정권을 얻기 위해 목숨을 걸고 투쟁했던 영국 여성들처럼, 과학기술계에서 단 10~15%뿐인 여성의 자리를 찾기 위해 나와 걸스로봇의 친구들은 목소리를 낸다. 나조차 지금까지 단 한 번도 상상해 보지 못했던 일이고, 이전에 없었던 직업이다.

아빠는 지금까지도 내가 '사모님으로 편안히 집안에 들어앉아 살림하지' 않는 걸 안타까워하신다. 교사나 작가로 '심심하지 나 않게 슬슬 일하지' 못 하는 걸 이해하지 못 하신다. 교사나 작가가 결코 슬슬 일하는 직업이 아니고, 살림이란 게 편안히 들어앉아 할 수 있는 것이 아니란 걸, 아니 애초에 아이를 키우며 슬슬 할 수 있는 일이란 존재하지 않는다는 것 자체를 모르신다. 아빠는 내가 여성으로 태어나 자라며 겪은 일과 지금 하고 있는 일의 의미를 아마 끝내 알지 못하실 것이다. 아빠는 '딸바보'라는 말이 생기기도 전에 이미 딸바보였지만, 시스템에 대한 각성까지는 가지 못했다.

그러나 지난 연말 국내외 로봇계 톱 클래스 여성 연구자들을 모았던 걸스로봇의 런칭 파티에는, 이공계에 관심 있는 딸을 데려온 딸바보 아빠가 세 분이나 있었다. 현직 부장판사부터 국방 분야 연구자까지 스펙트럼도 다양했다. 아들에게 인생을 걸었던 전형적인 '로봇맘'을 대신하는, 새로운 형태의 '로봇대디'들이었다. 나는 이 시대의 딸바보 아빠들이 세상을 바꿀 수 있을 거라는 확신을 얻었다. 그들을 설득하고, 그들의 지갑을 열고, 그들의 딸을 불러 모아 경험을 나누려 한다. 남학생 독자나 아들바보 엄마도 너무 실망하지 마시기를. 나 역시 두 아들의 엄마로서, 우주의 질서가 딸들을 중심으로 바뀌는 이 대전환의 시기를 어떻게 살아야 할지 고민이 많다.

흑인인권운동의 시기에 이런 말이 있었다. “평등이 더디게 오는 건 백인 엄마들 때문이다.” 당신의 아이들이, 특히 아들들이 사회의 주류로 성장할 것이 확실했던 시대에는, 아이에게 굳이 인종 감수성을 심어 줄 필요가 없었다. 하지만 말콤 X와 마틴 루터 킹을 지나, 바야흐로 버락 오바마의 시대가 됐다. 백인 엘리트가 흑인 대통령 밑에서 복무하는 시대 말이다. 백인 엄마는 자기 자식의 자리를 빼앗은 흑인을 향해 분노를 내뿜는 걸 가르쳐야 할까? 아니다. 백인도 흑인도 황인도 대등한 인간으로 살아가는 새로운 시대의 윤리와 감수성을 가르쳐야 한다.

한국의 아들 엄마들도 마찬가지였다. 가만히 있으면 아들이 사회의 주류가 될 것이고, 그 과실이 며느리에 의한 ‘대리 효도’ 등으로 당신들에게 떨어졌던 시대가 있었다. 하지만 이제 시대가 달라졌다. 우주의 질서가 변했다. 이때 가르쳐야 하는 건, ‘김치녀’와 ‘된장녀’에 대한 불만과 분노가 아니다. 성 감수성이다. 노예제는 공식적으로 철폐됐다. 문명인으로서 인종차별은 절대로 해서는 안 되는 일이 됐다. 성별이나 성적 지향에 의한 차별 역시 마찬가지다.

남성과 여성이 대등한 인간으로서 같은 권리와 지위와 임금을 누리는 건 당연한 일이다. 인류 진보의, 역사의 한 과정이다. 나와 걸스로봇의 친구들은 그걸 조금 더 앞당기는 사람들일 뿐이다. 나는 요즘 살아 있는 걸 느낀다. 그 자유와 해방감을 더 많은 친구들과 나누고 싶다. 페미니즘은 여러분을 해치지 않는다.

Science

"우리가 만든 환경이나 기술은 부서지고 무용해질 수 있다.
그러나 인간은 좌절하지 않고, 사람은 무너지지 않는다."

휴 허는 MIT 미디어랩의 교수로, 바이오메카트로닉스 연구 그룹의 수장이다. 생체공학로봇 기술을 적용한 인체 보조 장치를 만드는 BiOM이라는 회사의 창업자이며 CTO이기도 하다. 지역 대학에서 물리학을 전공한 후에 MIT에서 기계공학 석사를, 하버드에서 생체물리학 박사를 했다.

그는 원래 암벽등반가였다. 17세가 될 때까지 미국에서 가장 유망한 등반가들 중 하나였으나, 빙벽을 오르다 조난당해 심각한 동상을 입은 뒤 구조됐다. 구조대에 참여했던 자원봉사자가 눈사태에 휘말려 생명을 잃는 사고도 있었다. 그는 다행히 목숨은 구했지만 양 다리를 무릎 아래까지 절단해야 했다. 다시는 등반할 수 없다는 의사의 말에 굴하지 않고, 스스로 의족을 고안해 다시 일어섰다. 물론 암벽도 다시 올랐다. 그는 생체공학로봇기술을 적용한 의족과 의수를 만들어 수천 명의 인생을 사고 이전으로 되살렸다. 그의 인생 역정은 미국에서 『두 번째 등정: 휴 허 이야기』로 출간됐다.

위에 소개한 말은 2014년 3월 〈TED〉 강연에서 휴 허가 한 이야기다. 그의 강연은 27개 언어로 번역됐고, 전 세계적으로 628만 번 재생됐다. 그는 무릎 아래를 드러낸 모습으로 감동적인 강연을 선보였다. 자신의 로봇 다리를 "달리고, 등반하고, 춤출 수 있게 하는 새로운 바이오닉(생체공학)"이라고

소개하면서 “장애와 비장애, 인간의 한계와 잠재력을 재정의”했다. 강연 마지막에는 보스턴 미리톤 테러로 한쪽 다리를 잃은 댄서 아드리안 해슬릿-데이비스가 그가 만들어 준 의족을 신고 등장해 다시 춤을 추었다. 휴 허와 아드리안은 사람이 만든 환경이나 기술은 무너지거나 부서질 수 있어도, 인간의 강인한 영혼과 의지는 파괴되지 않는다는 걸, 온몸으로 증명해 보였다. 자신의 삶에서 우러나온 진실한 말이 많은 이들을 울렸다.

우리는 누구나 죽음에 빚지고 산다. 언제 어떤 일이 벌어져 우리가 당연하게 누려왔던 걸 앗아갈지 모른다. 나는 세월호 참사와 친구의 갑작스러운 죽음을 겪으며, 인간이란 죽음이라는 절체절명의 한계 조건 속에서, 다만 최선을 다해 오늘을 살아야 한다는 걸 깨달았다. 한 인간으로서 존엄하게 살고자 하는 의지, 그저 오늘 하루를 충실히 지키고자 하는 사람에게 절망이란 없을 것이다. 과학과 기술은 그런 이들이 더 잘 살아갈 수 있도록 도와줄 뿐이다.

2016년 10월, 나는 세계 최초의 사이보그 올림픽 ‘사이배슬론’이 열리는 현장에서 휴 허를 만났다. 그를 주인공으로 한 시나리오를 보여 주고 자문을 구했다. 그는 장애로 인한 한계를 넘어서는 기술을 개발하는 공학자였고, 나는 성별에 의한 차별을 넘어서는 사회를 꿈꾸는 캠페이너였다. 휴 허는

Science

걸스로봇이 꼭 필요하고 옳은 일을 하고 있는 거라고 응원해 줬다. 그 역시 두 딸의 아빠이기 때문이다. 기술의 진보와 인류의 진화를 믿는 사람으로서 우리는 뜨거운 악수를 나누었다. 무슨 일이 있어도 인간은 지지 않을 것이다. 후퇴하지 않을 것이다. 그걸 확인하는 것만으로도 나는 내 운동의 동력을 얻은 느낌이었다.

각성, 부모의 기대를 배반하라

안노 히데아키 감독, <신세기 에반게리온>

〈신세기 에반게리온〉은 생체를 복제한 외계 로봇과 인류의 전쟁, 인간의 멸망과 재생을 다룬 심오한 애니메이션이다. 남극에 소형 운석이 광속으로 충돌하면서, 인류는 '세컨드 임팩트'라고 하는 거대한 재앙에 휘말린다. 빙하가 녹아내리고 지구의 자전축이 흔들리면서, 인류의 절반이 사라진다. 2015년, 일본 제3신도쿄시에 '사도'라 불리는 외계의 적이 쳐들어온다. 그들의 목적은 나머지 인류 절반을 몰살시키려는 '써드 임팩트'. 무력해진 국제연합군은 '네르프'라는 비밀 조직에 전권을 넘기고, 최후의 비밀 병기 에반게리온(이하 에바)이 출동한다. 에바의 파일럿은 14세 소년·소녀들. 총사령관의 아들이면서도 자신이 왜 인류의 운명을 걸고 싸워야 하는지 모르는 어리바리 소년 신지와 묵묵히 임무를 수행하는

〈신세기 에반게리온〉 | 안노 히데아키 감독
26부작 | 1995~1996

신비한 소녀 레이, 파일럿이란 역할을 통해 존재를 증명하려는 아스카 등의 성장 스토리이기도 하다. 인류가 숨겨 놓고, 사도들이 찾고자 하는 제1사도 '아담(후에 제2사도 '릴리스'로 밝혀짐. 릴리스란 성서 외전에서 '이브'를 대체하는 최초의 여성)'과 에바의 정체, 구원자로 나섰던 소년이 실은 인류의 파멸을 가져온다는 설정 등은 엄청난 충격과 논란을 불러일으켰다. 종교적이고 철학적인 해석의 여지가 많은 작품이다.

과학자는 아니지만, 결국 과학기술인이라는 느슨한 범주에서 사회운동을 하게 된 데는, 어쩌면 이 애니의 공이 팔할이다. 과학 영재 시절 함께 공부했던 친구가 '휴보'를 만들어 TV에 나왔을 때, 나는 막 결혼해 시댁에 살고 있었다. 전자회사를 그만두고, 세

번째 도전한 아나운서 시험에 떨어진 뒤 홧김에 선택한 길이었다. 한때 우리는 똑같았지만, 이제 더 이상 같지 않았다. 친구는 로봇을 만들어 미래로 나아가는데, 나는 '여자의 일'에 갇혀 과거에 머물러 있었다. 친구를 TV에서 보던 날, 〈신세기 에반게리온〉의 용어로 나는 '각성'했다. 그때부터 쭉 로봇 덕후로 살고 있다. 학회를 쫓아다니며 강연을 듣고, 논문과 동영상을 내 식대로 이해해 보려 애쓴다. 이 분야는 첨단의 과학기술이 집약돼 있어서 전문가들조차 자신의 영역이 아니면 서로 알지 못한다. 당연히 덕후로서 좋아하는 데에도 한계가 있다. 언젠가는 휴머노이드 학회장 복도에 주저앉아 울기도 했다.

그 한을 풀기 위해 큰아들을 앞세워 로봇맘이 되었던 적도 있었다. 아들을 따라 나간 세계 대회에서 여학생 하나를 봤다. 금발 머리를 발레리나처럼 틀어 올리고, 짧은 보라색 발레 튀튀를 입은 소녀가 한 손에는 로봇을 들고 있었다. 로봇과 발레라니, 흔히 상상했던 여성성과 남성성이 놀랍게도 공존할 수 있었다. 다시 태어나면 그 소녀처럼 살고 싶다! 내 평행 우주 속에는 발레와 로봇을 동시에 사랑하는 여자아이가 살고 있을 거였다. 그 소녀를 이 우주로 데려와 행복하게 만들어 주고 싶었다.

사실 나의 큰아들은 굳이 분류하자면 여성성이 강한 아이다. 뼈가 가늘고 몸이 왜소하며, 말을 잘하고 감수성이 예민하다. 공

룡도 자동차도 로봇도 엄마가 강요하니 즐기는 척했을 뿐, 마음으로부터 좋아한 적은 단 한 번도 없었다. 어느 순간 나는 내 미련과 집착 때문에 아들을 불행하게 만들고 있다는 걸 알게 되었다.

부모님은 우리를 사랑하지만, 미래에 대해서는 알지 못한다. 과거의 내가 그랬듯, 나는 아이들이란 본능적으로 자신의 길을 알고 있다고 여긴다. 여학생이든 남학생이든 어른이 되기 전에 자신의 미래를 시뮬레이션하는 일이 반드시 필요하다. 본능적으로 가장 재미있는 일, 가장 끌리는 일, 그게 해답이 될 것이다. 지금 당장 모험을 할 수 없다면, 소설이든 만화든 영화든 게임이든 많이 읽고, 보고, 즐겨 보라. '에바'와 같은 인생 애니, 인생 소설, 인생 영화, 인생 게임을 만난 이후의 당신은, 예전의 당신과는 다른 사람이 될 것이다. 그것이 바로 '각성'이다. 각성의 시기가 빨리 올수록 여러분은 여러분 자신의 인생을 살 수 있을 것이다.

미안하지만 부모는 여러분의 인생을 대신 살아 줄 수 없다. 부모의 기대를 배반하라. 그것만이 살 길이다.